航天科技图书出版基金资助出版

通信卫星信息系统设计技术

韩笑冬 叶 勉 著

中国宇航出版社
·北京·

图书在版编目（ＣＩＰ）数据

通信卫星信息系统设计技术／韩笑冬，叶勉著 . --
北京：中国宇航出版社，2019.12
　ISBN 978 - 7 - 5159 - 1662 - 0

　Ⅰ.①通… Ⅱ.①韩… ②叶… Ⅲ.①通信卫星—信
息系统—系统设计 Ⅳ.①V474.2

中国版本图书馆 CIP 数据核字（2019）第 158191 号

责任编辑　舒承东　　　　封面设计　宇星文化

出　版
发　行　　中国宇航出版社
社　址　北京市阜成路 8 号　　　邮　编　100830
　　　　（010）60286808　　　　（010）68768548
网　址　www.caphbook.com
经　销　新华书店
发行部　（010）60286888　　　　（010）68371900
　　　　（010）60286887　　　　（010）60286804（传真）
零售店　读者服务部
　　　　（010）68371105
承　印　天津画中画印刷有限公司
版　次　2019 年 12 月第 1 版　　2019 年 12 月第 1 次印刷
规　格　880×1230　　　　　　开　本　1/32
印　张　7　　　　　　　　　　字　数　202 千字
书　号　ISBN 978 - 7 - 5159 - 1662 - 0
定　价　58.00 元

航天科技图书出版基金简介

航天科技图书出版基金是由中国航天科技集团公司于2007年设立的，旨在鼓励航天科技人员著书立说，不断积累和传承航天科技知识，为航天事业提供知识储备和技术支持，繁荣航天科技图书出版工作，促进航天事业又好又快地发展。基金资助项目由航天科技图书出版基金评审委员会审定，由中国宇航出版社出版。

申请出版基金资助的项目包括航天基础理论著作，航天工程技术著作，航天科技工具书，航天型号管理经验与管理思想集萃，世界航天各学科前沿技术发展译著以及有代表性的科研生产、经营管理译著，向社会公众普及航天知识、宣传航天文化的优秀读物等。出版基金每年评审1～2次，资助20～30项。

欢迎广大作者积极申请航天科技图书出版基金。可以登录中国宇航出版社网站，点击"出版基金"专栏查询详情并下载基金申请表；也可以通过电话、信函索取申报指南和基金申请表。

网址：http://www.caphbook.com

电话：（010）68767205，68768904

《通信卫星信息系统设计技术》
撰写组

撰　写　　韩笑冬　叶　勉

成　员　（按姓氏音序排列）

安卫钰　陈　杰　陈亮亮　成　艳　董景龙

邱晓婧　傅　岳　宫江雷　郝燕艳　韩思远

金雪松　连　卉　王柏岩　王平华　王依一

熊晓将　徐　楠　杨琳璐　张　伟　宗　可

前　言

　　《通信卫星信息系统设计技术》是一本关于通信卫星信息系统设计技术的专著，主要侧重于指导工程技术人员如何进行实际设计工作。本书从通信卫星基本概念入手，在介绍信息系统概念的基础上，对概念中所涉及的星间信息系统和星载信息系统（遥测遥控、数据管理、综合电子）的相关知识和相关技术进行了详细阐述。由此引出通信卫星信息系统设计方法，对通信卫星信息系统设计技术的基础理论知识、设计要点、工作流程、工作规范、工作内容和专业设计工具（通信卫星信息系统设计平台）等方面做了全面的论述。本书力图实现理论和工程、设计和应用相结合，通过对通用的通信卫星信息系统设计技术的特点和工作方法的介绍，综合反映了当前通信卫星信息系统设计技术领域的技术水平和发展成果。本书对通信卫星信息系统设计专业的工程技术人员在实际工程设计的各环节均有一定的指导作用。

　　本书共分 5 章，主要内容包含通信卫星的基本概念及其发展概况，通信卫星信息系统的基本概念以及相关介绍，通信卫星信息系统设计技术介绍，通信卫星信息系统设计方法及工作内容，通信卫星信息系统设计工具等。

第1章介绍了通信卫星的基本概念及其发展概况。本章在论述通信卫星概念及用途的基础上，通过举例，简要介绍了目前世界几大类典型通信卫星的基本情况，同时系统地阐述了通信卫星工程的概念与特点。本章通过介绍通信卫星技术的发展和工程特点，使读者能够对通信卫星有一个全面的认识。

第2章介绍了通信卫星信息系统的基本概念。首先，简要地介绍了通信卫星信息系统的含义，并聚焦星载信息系统和星间信息系统，对通信卫星信息系统进行介绍。然后，详细论述了星间信息系统和星载信息系统（遥测遥控、数据管理以及综合电子）。通过对上述星间信息系统和三个星载功能系统的基本概念、体系结构以及所涉及的相关技术进行讲解，进一步深化读者对星间信息系统和三个星载功能系统概念的理解，进而使读者能够充分了解信息系统的基本情况以及发展方向，并初步构建其对通信卫星信息系统的全面认识。

第3章主要介绍了通信卫星信息系统设计技术。本章分别从星间信息系统和星载信息系统的角度，对各系统中所涉及的关键技术做了详细描述与充分讲解，其中对星间信息系统中的激光通信链路技术和星座自主运行技术，遥测遥控中的测控信道技术，数据管理中的总线技术，以及综合电子中的矩阵式电路技术和 FDIR 技术进行了深入介绍。本章能够使读者对通信卫星信息系统设计技术在卫星设计中的具体应用有深入的理解，利于本专业工程技术人员在通信卫星信息系统设计过程中顺利开展工作。同时，使读者更多地了解通信卫星信息系统设计的关键技术和研制方法，为提升自主研发能力奠定坚实的基础。

第4章紧密结合工程实际，分别对通信卫星信息系统设计方法所涉及的通用工作流程，与通信卫星总体层面、分系统层面、测控信息应用层面和设计工具管理与信息维护层面相关的任务接口，不同阶段的工作内容及方法，以及工作职责、工作规范、工作要求等通信卫星信息系统岗位相关知识进行了介绍，使读者能够全面地了解通信卫星信息系统设计技术相关专业的工作内容和方法，并帮助本专业工程技术人员了解和掌握必备的理论知识，使其明确专业工作相关职责及工作要求，同时指引工程技术人员参阅和查找更详细、更专业的参考文献及标准，从而达到深入理解并掌握必备的理论知识、提高业务水平的目的。

第5章介绍了通信卫星信息系统设计所使用的工具——通信卫星信息系统设计平台，从设计平台的硬件环境、设计平台架构和设计平台功能模块等方面进行了详细阐述。通过对本章内容的学习，可以使本专业工程技术人员能够全面了解通用的通信卫星信息系统设计平台的功能和作用，掌握通信卫星信息系统设计平台的使用方法，并能够将其与本专业工作项目和工作内容结合起来，有助于工程技术人员在型号设计工作中迅速成长。

本书是一部通信卫星信息系统设计专业领域的技术专著，由本专业领域的多名专家汇集多年型号信息系统设计工作经验编著而成。本书用浅显易懂的语言深入讲解了专业基础知识以及专业设计技术，所涉及的专业基础知识和专业设计技术涵盖了本专业的工作领域和工作环节，注重实际操作的讲解，在通信卫星信息系统设计领域具有较高的应用价值，并能够充分指导该专业工程人员进行专业设计工作。

本书主要面向通信卫星信息系统设计专业以及相关专业的工程技术人员，可指导本专业工程技术人员快速学习并开展通信卫星信息系统设计专业工作，也可作为通信卫星信息系统设计相关专业工程技术人员的培训教材。

本书的出版得到了航天科技图书出版基金和国家自然科学基金项目"动态可重构天基资源虚拟化及调度方法"（61972398）的支持，在此表示诚挚的谢意。中国空间技术研究院周志成院士对本书的编写给予了支持和悉心指导，在此谨向周志成院士表达衷心的感谢。在本书的编写过程中，还得到了中国空间技术研究院通信卫星事业部各级领导的大力支持，同时刘雅萍研究员、冯彦君研究员、吴雨翔研究员、杨童高级工程师、王志富高级工程师、王雨琦博士等对本书的工作和撰写提出了宝贵意见和建议，在此一并表示感谢。

本书是作者和科研团队前期工作的总结，由于水平有限，书中难免存在不足之处，恳请读者批评指正。

作者

2019 年 11 月

目　录

第 1 章 概 论

1.1 通信卫星介绍

通信卫星是指在地球轨道上作为无线电通信中继站的人造地球卫星。通信卫星是世界上应用最早、应用最广的卫星之一，美国、俄罗斯和中国等众多国家都发射了通信卫星。通信卫星一般采用地球静止轨道，这条轨道位于地球赤道上空 36 000 km 处。目前，世界上正在发展的低轨通信星座主要位于与赤道夹角约 80°、高度约为 1100 km 的轨道。通信卫星是卫星通信系统的空间部分，一颗地球静止轨道通信卫星大约能够覆盖 40% 的地球表面，使覆盖区内的任何地面、海上、空中的通信站能同时相互通信。通信卫星可以传输电话、电报、传真、数据和电视等信息。

通信卫星搭载有特定频段的有效载荷，对应各自的服务区，通信的终端必须处于通信卫星服务区内，且应用频段与通信卫星一致。通信卫星接收发送终端发射的信号，经过放大、变频，或者解调、调制，再经功率放大器放大后，发射至服务区，接收终端接收转发后的信号，从而建立起发送端和接收端的通信链路。调整发送终端的信号强度以确保卫星能正常接收，同时调整接收终端的参数以达到最佳接收效果。

通信卫星按专业用途可分为固定业务通信卫星、移动业务通信卫星、直播卫星、跟踪与数据中继卫星；按轨道可分为地球静止轨道通信卫星、大椭圆轨道通信卫星、中地球轨道通信卫星和低地球轨道通信卫星；按服务区域可分为国际通信卫星、区域通信卫星和国内通信卫星；按应用领域可分为军用通信卫星、民用通信卫星和商用通信卫星。

通信卫星包括卫星平台和有效载荷两部分。其中，卫星平台为有效载荷的正常工作提供各方面支持和保障，一般包括结构分系统、热控分系统、姿态与轨道控制分系统、推进分系统、测控分系统、供配电分系统、数据管理分系统及综合电子分系统等。有效载荷完成通信任务，一般由转发器和通信天线组成；对于跟踪与数据中继卫星，有效载荷还包括捕获跟踪分系统。

结构分系统　　用于支承、固定仪器设备，传递和承受力学载荷，并在地面操作、发射和在轨运行期间保持卫星分系统的完整。

热控分系统　　用于控制卫星内外的热交换过程，使其平衡温度处于所要求范围内，为卫星的各部分设备正常工作提供合适的温度控制。

姿态与轨道控制分系统　　用于控制卫星的轨道和姿态。其中，轨道控制又可分为轨道机动和轨道保持两种功能，姿态控制则是获取并保持卫星在空间定向的过程。

推进分系统　　用于提供卫星轨道变换和保持、卫星指向变换和保持所需的力和力矩。

测控分系统　　包括遥测、遥控和跟踪三大部分，主要完成卫星内部各分系统和设备工作状态的采集，发送给地面站，实现地面对卫星状态的监视；接收地面遥控指令，传送给星上有关仪器设备，实现地面对卫星的控制；协同地面测控站，测定卫星运行的轨道参数。测控分系统属于星载信息系统，在后续章节中，将对该分系统的内容进行详细介绍。

供配电分系统　　用于产生、储存、变换、调节和分配电能，为包括有效载荷在内的整颗卫星提供能源。

数据管理分系统及综合电子分系统　　均用于存储各种程序，采集、处理数据以及协调管理卫星各分系统工作，是实现卫星内部信息共享和综合利用的信息处理和传输的分系统，其主要目的在于通过严格的故障检测和提供可代替的资源（软件和硬件的冗余度），以达到高的可靠性和容错能力。数据管理分系统属于传统的星载信息系统，而综合电子分系统是在原有基础上进行升级，融入多种新型技术而形成的新一代星载信息系统。在后续章节中，将对这两个分系统的内容进行详细介绍。

转发器分系统 主要任务是将接收的上行信号经过放大和变频等处理后向地面转发。根据工作方式的不同，转发器可分为透明转发和处理转发两大类。透明转发是指转发器接收到地面站发来的信号后，只进行低噪声放大、变频、功率放大，而不对信号做任何加工处理，仅单纯完成转发任务，对工作频带内的任何信号都是"透明"的通路。处理转发是指转发器对接收到的信号除进行转发外，还进行信号处理，可将收到的上行频率信号经解调得到所需的基带信号，进行再生、交换、编码识别、帧结构重新排列等处理后，再调制到下行频率并发向地面站。

天线分系统 用于从覆盖区接收上行信号，向服务区发送下行信号，主要完成空间电磁波和导行电磁波之间的转换。

捕获跟踪分系统 用于完成星间链路天线的指向控制，实现星间链路天线对用户星的捕获跟踪，以建立地面站与用户星之间的通信链路，一般用于跟踪与数据中继卫星。

1.2　通信卫星发展概况

1.2.1　通信卫星发展历程

纵观 60 余年的发展历程，通信卫星在不同时期呈现出不同的发展特点。1958 年，美国发射了斯科尔（Score）卫星，全球首次通过人造地球卫星实现了话音通信。在此后的半个多世纪里，通信卫星从技术试验到商业应用，从自旋稳定到三轴稳定，从透明转发到星上处理，技术水平取得了长足的进步。

20 世纪 60 年代，通信卫星发展处于起步阶段，以技术试验为主，并逐渐向实用化过渡。总体来看，这个时期的通信卫星多采用自旋稳定方式，能力非常有限。1963 年，美国发射了电星-1 卫星，首次实现了跨洋通信；1964 年发射的辛康-3 卫星成为全球首颗地球静止轨道卫星。1965 年，国际通信卫星组织（INTELSAT）的首颗卫星——国际通信卫星-1（Intelsat-1）成功发射，成为全球首颗实用通信卫星，标志着通信卫星进入实用化阶段。在这一时期，美国和苏联开始部署应用首批军用通信卫星，美国部署了第一代国防卫星通信系统（DSCS），又称初级国防通信卫星计划（IDCSP）；苏联发展了大椭圆轨道的闪电（Molniya）系列军民两用卫星和低地球轨道的天箭座（Strela）军用卫星。

20 世纪 70 年代，通信卫星向商业化快速发展，成为跨洋通信（语音和数据传输）和电视广播的常规手段。这个时期，商业通信卫星的技术水平有所提高，但仍以自旋稳定为主，可支持 1 000 多路话音和几路电视信号的传输。1972 年，加拿大拥有了全球第一颗国内通信卫星——阿尼克（ANIK）卫星。1974 年，美国也出现了第一颗国内商用通信卫星——西联卫星（Westar）。1976 年，苏联发展了世界上首个用于直播到户电视广播的卫星系列——荧光屏（Ekran）。在军用通信卫星领域，三轴稳定方式得到广泛使用，提供的业务类型不断增加。美国开始部署第二代国防卫星通信系统，发展了军用数据中继卫星——卫星数据系统（SDS）和军用移动通信卫星——舰队卫星通信（FLTSATCOM）系统等；苏联发展了首个地球静止轨道军民两用通信卫星系列——虹（Raduga）卫星。1970 年 4 月 24 日我国成功发射了东方红一号卫星，卫星质量为 173 kg，轨道倾角为 68.44°。

20 世纪 80 年代是通信卫星技术快速进步和广泛应用的时期。这个时期的通信卫星广泛采用三轴稳定和太阳翼技术，卫星尺寸、质量、功率大大提高；点波束和双极化技术也得到了广泛应用，卫星可支持上万路的话音传输。欧洲、日本、中国、印度等多个国家和地区纷纷大力发展本国的实用通信卫星；欧洲通信卫星公司、阿拉伯卫星通信组织、国际海事卫星组织等一大批国际运营商蓬勃涌现。美国和苏联相继建立民用数据中继卫星系统。在军用通信卫星领域，美国发展了租赁卫星（Leasat），进一步提高了战术卫星移动通信能力，促使军用通信卫星从战略应用向战术应用转型；苏联发展了急流（Potok）军用数据中继卫星等。1984 年 4 月 8 日，我国发射成功第一颗地球静止轨道试验通信卫星东方红二号，并成功定点于东经125°上空。该卫星使用全球波束的喇叭天线，可进行全天时、全天候通信，包括电话、电视和广播等各项通信试验，并承担了部分国内通信任务。它的发射成功，使中国成为世界上第五个独立发射地球静止轨道通信卫星的国家。1986 年 2 月 1 日，东方红二号实用通信广播卫星成功发射。该星采用了覆盖国内领土的较窄波束抛物面天线，提高了波束的等效全向辐射功率，使通信地面站的信号强度明显提高，接收的电视图像质量大为改善，通信容量也大大增加，传输质量超过了当时租用的国际通信卫星。

20 世纪 90 年代，通信卫星在原有业务的基础上，开始向移动通信和数字电视直播方向发展，军用通信卫星宽带、窄带、防护三大体系初步形成。随着通信卫星技术的不断成熟，为缩短研制周期，降低研制成本，通信卫星采用模块化的发展思路，形成了可以满足多种任务的卫星公用平台系列，大大推动了通信卫星的产业化进程。这一时期移动通信卫星系统逐渐发展起来。国际海事卫星组织利用静止轨道卫星提供覆盖全球的移动通信业务，并将该业务范围逐步扩展到地面和航空领域；美国先后发展了铱星（Iridium）、全球星（Globalstar）和轨道通信卫星（Orbcomm）三大低轨通信卫星星座，提供手持移动话音通信业务。全球甚小口径终端（VSAT）系统的应用大幅度增长，直播到户系统在亚洲和欧洲发展壮大。东方红三号卫星是我国自行研制的新一代通信卫星。尽管在通信频段和转发器数量上与先进国家的卫星存在着一定的差距，但就卫星的分系统方案、单项性能和单项技术方面而论，如通信信道的 EIRP、G/T 值指标，全三轴姿态稳定技术，双组元统一推进系统，碳纤维复合材料结构，频率复用双栅赋形波束天线等技术方面，仍然是当时世界先进国家所采用的方案和技术。因此，东方红三号通信卫星的研制和发射成功，标志着我国通信卫星技术跨上了一个新台阶。

20 世纪末期，中国空间技术研究院研制了东方红四号新一代大型地球静止轨道卫星公用平台，具有容量大、功率大、承载能力强和服务寿命长等特点，其整体性能与同期国际同类卫星平台的水平相当，是具备国际先进水平的地球静止轨道卫星平台。它可用于大容量广播通信、电视直播、数字音频广播和宽带多媒体等多种国民经济建设和国内外市场急需的业务类型，并具有确保信息传输安全可靠的有效技术手段。

进入 21 世纪以来，人们对大容量、高速率的要求越来越高，通信卫星也呈现出向高功率、长寿命、高可靠的大型静止轨道通信卫星发展的趋势，军用通信卫星在信息化作战背景下开始向网络化转型。在军用通信卫星领域，三大体系更新换代，大幅提升了卫星性能和网络化能力。多种有效载荷技术广泛应用，星上处理能力逐步提高，多点波束技术、星载大天线技术和频率复用技术的广泛应用大大提升了卫星通信容量。2011 年发射的卫讯 -1（Viasat -1）卫星，卫星的吞吐量高达 140 Gbit/s。

全球通信卫星未来将朝着构筑太空信息高速公路的方向发展，向高速率、宽带、多媒体因特网的目标不断迈进。未来十年，国际静止轨道通信卫星市场前景良好，预计将发射超过 200 颗商业通信卫星，市场价值超过 500 亿美元，通信卫星国际市场开拓具备持续发展的潜力和动力。我国将采取"走出去、请进来"的战略，与潜在用户进行交流，更直接地介绍我们的能力，了解他们的需求，并与用户建立更加广泛、深入的联系。同时，大力推进零部件国产化，减少引进产品对研制周期的影响和制约，提升卫星在研制周期、产品质量与可靠性方面的竞争力，增强我国通信卫星对国际市场的吸引力，开创我国通信卫星在国际市场的新时代。

1.2.2 典型通信卫星

近年来，在军用通信卫星领域，国外发射了大量专用军用通信卫星，建立了众多类型的军事卫星通信系统，逐渐形成了窄带、宽带和防护三大体系；在民（商）用通信卫星领域，各国积极构建自己的商业通信卫星系统，在固定、移动、广播和数据中继等应用领域涌现出大量技术先进的通信卫星。

（1）MUOS 卫星

MUOS 卫星（如图 1-1 所示）是美国新一代窄带军用通信卫星，为部队提供关键的战术移动通信。MUOS 系统由 5 颗卫星组成，其中 4 颗工作星，1 颗在轨备份。2012 年 2 月 24 日，首颗 MUOS 卫星成功发射。卫星的主承包商是洛克希德·马丁公司，采用 A2100M 平台，设计寿命 14 年，发射质量约 3 100 kg，功率 9.8 kW。卫星与用户终端通信使用 UHF 频段，与地面控制段通信使用 Ka 频段。卫星采用直径为 14 m 的大型可展开网格天线；能够支持 4083 条数据速率为2.4 Kbit/s的链路同时接入。

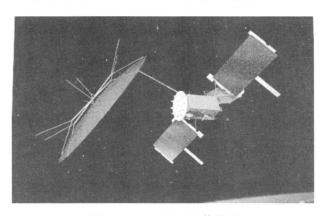

图 1-1　MUOS 卫星外形图

（2）WGS 卫星

WGS 卫星（如图 1-2 所示）是美国新一代宽带军用通信卫星，以满足美国不断增长的宽带军事卫星通信需求，可以灵活支持无人机数传等战术应用，目前已发射 6 颗卫星。卫星的主承包商是波音公司，采用 BSS-702 平台，卫星功率 13 kW，设计寿命 14 年，发射质量 5 987 kg，入轨质量 3 450 kg。卫星有效载荷采用数字信道化技术，1 872 条子信道电路交换；将宽带通信功能和战场信息广播功能合二为一；与地面通信采用 Ka 频段，单星吞吐量最大能达到 3.6 Gbit/s；卫星采用可展开桁架式架构，扩大了通信天线的安装面，装有 14 部通信天线，其中包括相控阵天线和可移动点波束天线。

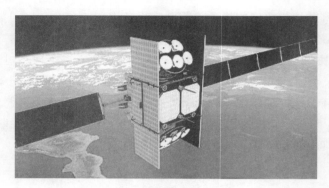

图 1-2　WGS 卫星外形图

（3）AEHF 卫星

AEHF 卫星（如图 1-3 所示）是美国新一代高防护性能的地球静止轨道军用通信卫星，用于包括核战争在内的各种规模的战争中，为关键战略和战术部队提供防截获、抗干扰、高保密和高生存能力的全球卫星通信。卫星的主承包商为洛克希德·马丁公司，采用 A2100M 平台，设计寿命 14 年，发射质量约 6 600 kg。卫星采用 EHF 频段，单星容量为 430 Mbit/s，单条链路传输速率可达 8.192 Mbit/s，可同时支持 2 000 个用户终端。卫星系统的星间链路具备路由功能和抗干扰能力，传输速率为 60 Mbit/s。卫星的有效载荷采用全数字化处理技术进行星上基带处理，具备非常高的抗干扰能力和灵活性，通信网络的重构可以在分钟级完成。卫星的星间通信可以实现全球服务，并有非常强的战场生存能力，减小了对地面支持系统的依赖程度，即便在地面控制站被破坏后，整个系统仍能自主工作半年以上。

图 1 - 3　AEHF 卫星外形图

（4）Terrestar - 1 卫星

Terrestar - 1 卫星（如图 1 - 4 所示）是目前全球发射质量最大的商业移动通信卫星，用于提供高质量、低成本、无缝隙的网络，主承包商是劳拉空间系统公司。卫星采用 LS - 1300S 平台，于 2009 年 7 月

图 1 - 4　Terrestar - 1 卫星外形图

1 日发射，发射质量 6 910 kg，卫星功率 14.2 kW，设计寿命 15 年。卫星与用户终端之间使用 S 频段链路，与地面网关站之间使用 Ku 频段链路。卫星采用了机械口径 22 m 的大型可展开天线，可生成 500 个点波束。Terrestar-1 卫星通信系统采用了地面辅助组件技术，在卫星信号被建筑物所遮挡的地区提供覆盖，形成"星地联合"。

（5）Ka-SAT 卫星

Ka-SAT 卫星（如图 1-5 所示）是专门用于欧洲宽带通信业务的全 Ka 频段卫星，主承包商是欧洲航空航天防务集团旗下的阿斯特里姆公司，采用 Eurostar-3 000 平台，卫星于 2010 年 12 月 27 日发射，发射质量 6 150 kg，卫星功率 15 kW，有效载荷功率 11 kW，设计寿命 15 年。Ka-SAT 卫星采用弯管转发，装有 4 副 2.6 m 口径多馈源反射器天线，可形成 82 个点波束；采用频率复用技术，卫星吞吐量达 70 Gbit/s，用户终端上行数据传输速率可达 1 Mbit/s，下行数据传输速率可达 10 Mbit/s。

图 1-5　Ka-SAT 卫星外形图

（6）TDRS-H 卫星

TDRS-H 卫星（如图 1-6 所示）由波音公司研制，用于为中低轨道航天器和国际空间站提供测控和数据中继服务。卫星采用 BSS-601 平台，设计寿命 15 年，发射质量 3 180 kg，卫星功率 2.5 kW。卫星采用独有的有效载荷结构和频率规划，有双频段自动跟踪能力的三频段馈源，有复杂的 S 频段多址星上波束成型天线系统，双频段、双频率跟踪、遥测和遥控转发器，以及回弹式反射器天线。卫星数据率：用户飞行器→中继星 800 Mbit/s；中继星→用户飞行器25 Mbit/s。

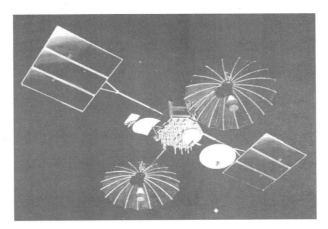

图 1 - 6　TDRS - H 卫星外形图

（7）Echostar - 14 卫星

Echostar - 14 卫星（如图 1 - 7 所示）是美国回声星（Echostar）公司运营的商业直播卫星，用于提供电视直播到户业务，主承包商

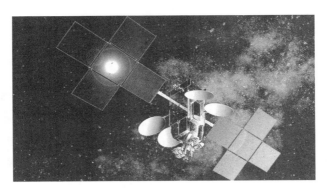

图 1 - 7　Echostar - 14 卫星外形图

是劳拉空间系统公司。卫星采用 LS - 1300S 平台，于 2010 年 3 月 20
日发射，发射质量 6 384 kg，卫星功率 20 kW，设计寿命 15 年，
Echostar - 14 卫星是目前全球最大的 Ku 频段直播卫星，装有 103 路
Ku 频段转发器。

1.3　通信卫星技术发展

1.3.1　技术发展现状

近些年，信息产业、多媒体、IP 网络产业的兴起和发展突飞猛
进，成为通信卫星发展的动力和源泉。通信卫星产业的业务领域不
断拓宽，由于各领域用户需求不同，通信卫星也呈现出多样化的发
展特点：

传统通信卫星主要携带 C 和 Ku 频段转发器，提供一对一、一
对多或多对多的话音和数据业务，同时还可为电视广播提供信号传
输和转发服务。

广播通信卫星主要使用 C 和 Ku 频段，提供高清电视广播和数
字音频广播服务。广播通信卫星多采用大功率转发器和波束天线技
术，为提高话音和视频传输质量，还采用了多种高水平的编码和调
制技术。

新兴宽带通信卫星则更多面向多媒体应用和互联网接入，使用
频谱更为广泛的 Ka 频段，采用多点波束、频率复用和星上处理等技
术，提供容量更大、传输速率更快的通信手段。

新兴的移动通信卫星主要发展 UHF、L 和 S 频段移动通信业
务。目前主流的移动通信卫星多采用星载大天线技术，以及数字化
星上交换、星上处理、多波束覆盖、地基波束成形，能够动态分配
容量、功率和频率的先进有效载荷技术，用于支持便携式移动终端。

跟踪与数据中继卫星主要是通过星间链路来实现目标跟踪和信
息传输。其中，部分满足卫星的姿态和轨道控制以及指向精度要求
高的中继卫星，多采用激光星间链路，以提升传输速率。激光星间

链路的内容将在后续章节中简介。

世界各国的军用通信卫星广泛采用扩跳频、可变波束和星上处理等技术，实现抗干扰、高保密、防侦听、低拦截通信。同时，部分军用通信卫星也采用星间链路技术，以增强星座自主运行能力。

随着通信卫星系统技术的迅速发展和广泛应用，为了继承成熟技术、提高工作寿命、缩短研制周期、适应批组生产、降低研制成本，世界各国制造商都相继推出系列化的通信卫星平台。目前，世界上主流的通信卫星平台包括波音公司的 BSS - 702 平台、洛克希德·马丁公司的 A2100 平台、劳拉空间系统公司的 LS - 1300 平台、泰雷兹·阿莱尼亚公司的 SpaceBus - 4000 平台和阿斯特里姆公司的 Eurostar - 3000 平台，以及中国空间技术研究院的东方红系列平台，这些平台代表了目前世界先进的技术水平。

1.3.1.1　卫星平台技术

为了适应通信卫星高功率、大容量、长寿命和高可靠的发展需求，目前通信卫星平台技术主要呈现以下特点。

1）主流平台的结构形式包括承力筒式、桁架式和箱板式三种类型。承力筒式结构是应用较为广泛的主承力结构形式，具有工艺成熟、承受均匀载荷能力强、易于保证卫星基频等优点，典型平台包括 LS - 1300、SpaceBus - 4000、Eurostar - 3000 和东方红四号平台等。桁架式结构具有工艺简单、质量小等优点，可以大大缩短结构的研制周期，降低研制费用，典型平台为 BSS - 702、东方红五号平台等。箱板式结构具有简单、可扩展能力强等优点，典型平台为 A2100。

2）普遍采用模块化、系列化设计，降低成本，缩短周期。模块化卫星制造模式已经被各主要卫星制造商广泛采用。同时，卫星平台系列化发展，大大提高了平台零部件的通用化。平台模块的结构、配置和接口相对固定，可以独立于有效载荷舱批量化生产，工装可重复使用，元器件也可从大批量采购中获得效益。这不仅使卫星平台内部实现模块化的设计，也使平台系列间实现模块化，实现了平台成本低、研制周期短的目标。

3）采用主动热控和被动热控相结合的方式实现卫星温度控制。由于通信卫星向大功率、长寿命方向发展，未来安装的有效载荷与目前相比数量将显著增加，发热量也比目前的卫星高出很多，而卫星整体构型受到运载、整流罩尺寸等因素影响，南、北舱板面积无法大幅度扩展。因此，必须采取一些新的热控技术来解决日益增大的发热量和有限扩展的散热面之间的矛盾。目前，仪器分区布局技术、南北板热耦合技术、可展开式热辐射器技术等已经得到了应用。

4）采用电推进技术，提高推进能力。与传统的化学推进相比，电推进具有比冲高、推力小、质量小、体积小和工质利用率高等特点，可大大节省推进剂质量，提高承载比，延长卫星寿命，降低发射成本。目前，国外主流的卫星平台均配置了电推进系统，用于卫星在轨期间位置保持，卫星转移轨道末端的轨道提升和寿命末期的离轨，如 BSS - 702 平台采用 4 台 25 cm 氙离子推力器，LS - 1300 平台采用 4 台 SPT - 100 型推力器等。2010 年 8 月，洛克希德·马丁公司研制的 AEHF - 1 卫星在发射时运载火箭出现故障，通过 4 台 BPT - 4 000 霍尔效应推力器的帮助，成功地使卫星进入了预定轨道，且卫星仍保证 14 年的使用寿命。

5）采用先进的电源技术，提高供配电能力。目前，为提高卫星供配电能力，国际上已经普遍采用双结或三结砷化镓等高效太阳电池技术、二维多次展开半刚性太阳阵技术、大功率太阳电池阵驱动装置（SADA）和电源控制装置（PCU）技术。蓄电池也逐渐向锂离子电池发展，现役主流平台均同时兼容氢镍蓄电池和锂离子蓄电池。锂离子蓄电池由于具有比能量高、热效应小的突出优点，非常适合空间电源发展的需要，它已成为继镉镍电池、氢镍电池之后的第三代空间电源。

6）发展星载综合电子分系统，增强卫星自主管理功能。随着电子技术的进步，卫星的各个分系统出现了集中化的趋势，形成了一体化的框架——星载综合电子分系统。星载综合电子分系统采用了空间数据系统的新体制，通过合理的系统构架、信息处理流程、协议和软硬件接口实现系统的高灵活性、高可靠性、高功能密度和高效率，通过严格的故障检测机制和提供可代替的资源，以达到更高的可靠性和容错能力。星载综合电子分系统打破了各分系统的界限，按照星载计算机、总线、业务单元的模式，整合了原有的各分系统功能，同时还可以实现航天器的信息管理、资源管理、运行管理和应急管理等自主管理功能。同时，还保留了足够的发展空间，以便于不断地采纳最新的技术成果，适应载荷新的要求。

1.3.1.2 有效载荷技术

在通信卫星有效载荷技术方面，新型天线技术、星上处理与交换技术等得到迅速发展，并已在一些通信卫星上得到应用。

（1）新型天线技术

1）自适应调零天线技术：这类天线不受干扰类型限制并具有可以有效抑制宽带干扰、窄带干扰和同频干扰等特点，主要用于军用通信卫星，能有效提高卫星在恶劣环境下的工作性能。

2）大型多波束反射面天线技术：移动通信卫星大都采用单孔径多波束大型桁架式抛物面天线，天线孔径通常在 12 m 以上，最大口径已达 22 m，能产生数百个点波束；宽带通信卫星大多采用基于单馈源单波束方式的单孔径多波束或多孔径多波束的天线。

3）相控阵天线技术：针对卫星通信对抗干扰、波束在轨重构、多波束和波束快速扫描等应用需求，相控阵天线技术得到快速发展，目前已应用于跟踪中继卫星、宽带和抗干扰通信卫星。

（2）星上处理与交换技术

星上处理与交换技术是伴随通信载荷数字化而发展起来的转发器技术，以适应高频段、大容量和高速率卫星通信的发展需求，包括透明转发技术、波束与子带交换技术、星上基带处理与电路或分组交换技术、基于星间链路交换技术；其交换方式可分为电路交换和分组交换，星载电路交换技术比较成熟，已广泛用于移动和宽带通信等星载处理器，分组交换可进一步分为异步传输模式（ATM）

交换和互联网协议（IP）交换。

1.3.2　技术发展趋势

通信卫星的发展一方面可以产生直接效益，另一方面也推动了国际经济贸易的发展；经济的发展需要先进的通信卫星应用来支持，反过来也对通信卫星提出了更高的要求，从而推动了通信卫星技术的进步。

1.3.2.1　卫星平台技术发展趋势

各种业务和应用的需求首先对通信卫星平台提出了更高的要求，从而推动了通信卫星的质量、功率和结构尺寸不断向更高更大的方向发展，而平台及其各分系统也不断采用新技术来保障能力并提升服务。

（1）长寿命、高可靠的超大型平台已成今后的发展方向

为了提升通信卫星的商业价值，长寿命、高可靠性是国际卫星制造商致力追求的目标。通过模块化、系列化的平台发展方式可以增强平台的可靠性。采用平台新技术，在提高卫星有效载荷质量的同时，也可提高卫星的寿命。未来通信卫星平台的寿命将普遍在15年以上。

为了满足日益增长的军用和民用通信对大型和超大型卫星的需求，国际主流宇航公司均在发展自己的超大型卫星平台，以满足不同类型的大容量通信载荷的需要。例如，阿斯特里姆公司与泰雷兹·阿莱尼亚公司共同研制的阿尔法平台，劳拉空间系统公司也在LS-1300S平台基础上发展更大功率的平台，这些新型平台的设计功率为20～25 kW，并可进一步扩展到30 kW左右。

（2）发展更先进的分系统技术，支撑平台总体能力升级

在结构技术方面，采用轻量化大承载结构技术、先进结构材料，满足未来8 t以上超大型平台的承载需求。

在热控制技术方面，采用更大的可展开式热辐射器以及毛细抽吸两相流体环路热控系统等先进技术。

在姿态控制技术方面，手持移动终端的移动通信业务需求和高数据率的激光通信需求，对未来通信卫星平台姿控系统设计提出了更高的要求。

在推进技术方面，更大推力、更高比冲、更高效率的电推进产品将不断面世。继 2012 年波音公司推出全球首款全电推进平台后，欧洲等其他国家和地区也将大力开展全电推进平台研究。

在电源技术方面，更高转换效率的超三结砷化镓等新型材料太阳能电池、更大容量的锂离子蓄电池将会广泛应用。

（3）发展新一代星载综合电子技术，增强通信卫星信息系统的自主能力

卫星平台电子系统的先进性在很大程度上代表了卫星的先进性。随着通信卫星平台载荷容量的增大及功能的扩展，对星载电子系统提出了高性能、高可靠、智能化、集成化、小型化、产品化等要求。新一代星载综合电子系统，将进一步提升数据处理、星务管理、供配电管理、自主故障处理等能力，以星务管理单元为核心构建分布式系统，提供更为标准和统一的电气接口形式，标准的总线网络通信模式，使星载信息系统具有更强的适应性和扩展性，同时，将进一步提升星载自主故障诊断、故障隔离与故障恢复技术，扩展卫星信息系统的智能化水平，增强信息系统对星载信息管理的自主能力，从而进一步提升卫星的自主能力。

1.3.2.2　卫星有效载荷技术发展趋势

随着卫星平台能力的逐步提高，有效载荷技术也不断发展，通信频段不断变高，转发器也逐渐从传统的弯管透明转发器向星上智能处理转发器的方向发展。

（1）星上处理和交换是有效载荷的发展趋势

星上处理型转发器具有星上接收信号再生、动态调整并有效利用系统容量、建立星际通信链路实现卫星星际联网的优点。关键的星上处理技术包括多波束、可控点波束、自适应调零天线技术；星上信号处理、再生、频率交链、多址变换、调制/解调、解跳/跳频、

解扩/扩频；干扰对消、Smart‐AGC、变换域抗干扰、宽带跳频等技术。虽然复杂度较透明转发器高数个量级，但是长远来看，这仍将是未来通信卫星有效载荷技术的发展趋势。

（2）通信频率向更高频段发展，传输速率不断提高

随着通信卫星规模的增长，频率资源将日趋紧缺。卫星宽带接入用户等新业务的快速增长，也需要更大的带宽。目前，卫星通信的频率已经呈现出向更高频段方向发展的趋势，从 C、Ku 频段向 Ka 频段发展，未来 Q、V 频段的试验也在积极探索中。

（3）星载天线继续向多点波束、大天线等方向发展

多点波束天线可支持较小终端，支持频率复用，可极大提高频谱利用率和通信卫星系统容量，日益受到固定卫星通信运营商和移动通信卫星运营商的青睐。借助星上处理和交换技术，通信业务更加灵活，可接入用户数量更多，资源利用率更高。新一代通信卫星的星载天线将实现更多数量的点波束，极大改善通信质量，提高卫星吞吐量。

此外，随着天线技术的进步，移动通信卫星星载天线向大规模方向发展，出现了各种可展开式大天线结构，更好地支持地面小型移动终端。未来 30 m 以上的星载大天线将会得到应用。

（4）通信卫星越来越注重与地面结合

在通信卫星星上技术发展的同时，地面设备也在不断地发展。例如，地面辅助组件和地基波束成形技术，既增大了通信卫星覆盖范围，又增强了通信卫星的性能。同时，星地一体化网络中也多采用专用地面站来完成较为复杂的网络功能，逐步实现电路交换向分组交换的转变。未来将有更多的地球静止轨道移动通信卫星采用地面辅助组件技术增强地面覆盖，与地面网络结合，也将有更多宽带通信卫星采用地基波束成形技术实现多点波束通信。

（5）激光通信前景广阔

随着人们对通信速率的需求越来越高，激光通信手段逐步进入人们的视线，特别是应用在数据中继卫星的星间链路上，可极大提

高信息传输容量，提升低轨观测卫星的效能。目前，欧洲和日本都已成功开展星间激光链路的试验，预计未来具备星间激光通信能力的卫星将会大量涌现。

1.3.2.3　业务发展趋势

为了适应市场发展需要，满足人们对宽带互联网、高清多媒体和宽带移动的需求，卫星通信业务发生了重大的变革，即从传输网为主向接入网为主转移，从话音业务为主向宽带多媒体和数据业务为主转移。卫星宽带业务、宽带移动多媒体业务和高清数字视频直播业务成为未来发展的方向，一方面对卫星平台提出了高功率、大容量、长寿命和高可靠性等方面的要求，另一方面对卫星的转发器数量、频段、功率、可用带宽、星上交换与处理等诸多技术提出了更高的要求。

（1）宽带多媒体卫星通信成为卫星固定通信业务的增长点，是信息基础设施的重要组成部分

宽带多媒体卫星通信的发展，一方面要求星上载荷技术进一步发展，能够提供多点波束覆盖，增强频率复用，减小地面接收终端尺寸和功率要求；另一方面要求传输频率向高频段发展，提高系统传输带宽和通信容量。

（2）移动宽带和业务融合成为卫星移动通信业务的发展方向

移动宽带和业务的融合，需要利用星载大天线、增加卫星发射功率来实现用户终端的小型化，通过与地面移动网络相融合、与固定网络实现无缝连接来实现全球无缝覆盖，改进传输体制、与地面网络标准相兼容，逐步向中高数据速率业务、天地一体化网络方向发展。

（3）数字高清多媒体电视直播到户业务成为卫星广播通信业务的发展方向，是卫星应用的支柱产业

数字高清多媒体电视直播到户业务的实现，一方面要求增加星载大功率转发器以提升容量，另一方面要求发展多星共位技术，改进编码和调制体制，提高轨位、转发器带宽和功率的利用率。

（4）对地观测卫星的发展和载人航天的通信需求对中继卫星的传输容量提出高要求

对地观测卫星的发展和载人航天的通信需求，要求中继卫星的传输容量一方面向高频段过渡，逐步开发利用 Ka 频段；另一方面发展激光通信技术，提升星间链路容量。

（5）军队的信息化和作战需求永远是推动军用通信卫星发展的驱动力

情报侦监平台的高速数传、移动作战部队的网络中心化战术通信支持，以及防侦听、高保密、抗核加固的战略通信需求，不断推动军用通信卫星发展多点波束、星上处理和交换技术，以及多种抗干扰技术。

1.4 通信卫星工程

1.4.1 通信卫星工程与通信卫星工程系统

通信卫星工程是针对通信卫星的研制任务及其相关建设项目的实施。工程内容除包括通信卫星制造和试验外，还包括将通信卫星送入预定轨道和完成在轨测试验证。本书讲述的通信卫星工程是针对地球静止轨道通信卫星的工程。

通信卫星工程系统就是为了完成特定的通信卫星工程任务而建立的工程系统，是现代典型的复杂工程大系统，具有规模庞大、系统复杂、技术密集和综合性强等特点。

通信卫星工程是一项系统工程，运用系统工程方法时，必须将工程对象——通信卫星作为它所从属的更大系统的组成部分来实施，通信卫星所属的更大系统主要是通信卫星工程系统和卫星通信系统。在实施通信卫星工程的过程中，必须从实现所属更大系统的观点来考虑，比如，需要考虑通信卫星与卫星通信系统中的各个地面站间的接口关系，同时需要考虑通信卫星与运载火箭系统、发射场系统、地面测控系统、地面应用系统等系统间的接口关系，上述接口关系都将以需求和约束条件的形式作为实施通信卫星工程的输入条件。

通信卫星工程系统包括实现特定通信任务的通信卫星系统、将卫星送入特定轨道的运载火箭系统、对运载火箭和卫星进行发射前准备及发射的发射场系统、对运载火箭和通信卫星进行测量及控制的地面测控系统，以及与在轨通信卫星配合发挥预定通信功能的地面应用系统，随着新型通信卫星的不断发展，通信卫星工程系统也在不断扩展。

运载火箭系统是卫星工程很重要的约束条件。通信卫星是运载火箭的有效载荷，卫星的发射质量、轨道及入轨精度，卫星的外形尺寸，卫星的纵向和横向刚度，卫星的结构及星上设备产品，卫星电磁兼容性以及卫星机、电、热接口均要满足运载火箭的要求。

发射场系统是运载火箭和卫星在发射前总装、测试、加注和发射的场所，它由技术区、发射区及其他相关部分组成。卫星技术区总装、测试及加注等使用的厂房尺寸、空气环境、供电、供气、推进剂供应、通信设备、电磁环境、安全环境都有一定要求，可以通过双方协调确定接口。此外，发射场的地理经纬度、允许的运载火箭射向也是影响卫星系统的重要因素。

地面测控系统负责卫星从发射、定点直至交付使用后的长期测控管理，地面测控系统与卫星之间的接口，如地面测控站、船、台的选用，覆盖范围，测控体制，测控性能指标，测控程序，测控要求，测控频率，链路特性等需要通过分析确定后作为双方的约束条件。

地面应用系统是实现卫星通信必不可少的部分，主要包括通信终端、链路设备及业务管理单元，在空间通信卫星的信号转发功能的支持下，实现终端用户间信息交互的应用。地面应用系统与通信卫星工程的频段选择、频率计划、等效全向辐射功率、接收机品质因素、饱和通量密度、覆盖区、幅频特性、带外抑制等需要通过接口协调进行确定。

1.4.2　通信卫星工程的阶段

按照航天器系统研制及管理规律，将通信卫星工程全寿命周期过程划分为若干阶段。各航天机构或企业对通信卫星工程阶段都有明确的划分，并通过标准或设计指南的形式对各阶段所包含的活动及其流程、完成标志等内容进行了规定。

通信卫星工程研制周期包含六个阶段，每个阶段的工作具有相对独立性和相互关联性，在研制活动的各阶段末期应进行评审，并作为该阶段任务完成的标志。在卫星研制任务开展之外，研究者通常会对某些创新技术进行预研，并将预研成果应用于卫星研制过程中。实际研制活动中根据卫星的继承性和创新性，可以选择卫星研制所需经历的研制阶段。通信卫星工程研制阶段如图 1-8 所示。

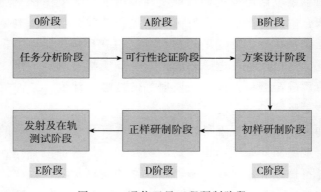

图 1-8　通信卫星工程研制阶段

（1）任务分析阶段——0 阶段

此阶段设计以总体设计为主，总体设计包括卫星机械系统、供电系统、热控系统、信息系统的设计，卫星设计各组成分系统配合。该阶段对卫星任务进行分析，拟订卫星初步使用要求、战术技术指标或技术要求；用户会同研制部门对卫星初步使用要求以及战术技术指标的合理性和可实现性进行分析与研究；研制部门应根据用户提出的卫星初步使用要求和战术技术指标，开展卫星概念研究，对使用的有效载荷技术进行调研，对可选用平台进行论证；在此基础上进行卫星可行性方案的初步论证。

（2）可行性论证阶段——A 阶段

此阶段卫星总体向各分系统提出初步技术要求，各分系统进行方案可行性验证。该阶段的工作内容包括对卫星初步使用要求、战术技术指标的合理性和指标之间的匹配性进行分析；提出研制技术流程和研制周期设想；分析建立卫星系统的功能基线，并与立项综合论证报告相协调；对运载火箭、发射场、测控系统和地面应用系统等进行支撑性分析；在任务分析的基础上，确定关键技术和关键项目，分析在系统层次上的作用，对技术性能、不确定性和风险程度进行预测，同时组织关键技术的攻关，进行可行性论证。该阶段的工作内容还包括对卫星信息系统的规划与设计，根据卫星任务需求，选取合适的卫星信息系统设计方案和基线，并根据实际情况进行信息系统功能的扩展与升级。

（3）方案设计阶段——B 阶段

该阶段进行卫星总体方案论证，建立卫星系统的分配基线并与卫星研制总要求的技术内容协调一致；编制环境试验规范，编制设计及建造规范、电磁兼容性（EMC）规范；编制卫星规范，卫星与运载火箭系统、发射场系统、地面测控系统和地面应用系统的接口要求；进行地面大型试验项目的论证，确定初样星的地面大型试验项目；开展深入细致的方案设计，最终完成总体方案详细设计。该阶段通过结合多方面试验和论证的结论，对信息系统的设计方案进行进一步深入研究与改进。

（4）初样研制阶段——C 阶段

该阶段总体完成卫星初样综合设计，分析、论证并确定需要研制的初样星（电性星、结构星、热控星），各分系统完成初样详细设计；同时确保卫星系统与分系统及各分系统之间的机、电、热、信息和其他接口的匹配性；完成初样星分系统设备、卫星系统和分系统地面支持设备的生产，最后总体在有关部门的配合下完成初样系统级的总装测试试验。在已有设计的基础上，确保信息系统与各分系统之间的接口适配性，各分系统的星上资源占用调配合理性。

（5）正样研制阶段——D阶段

该阶段总体向各分系统提出正样正式设计要求，总体完成卫星正样综合设计；各分系统完成正样详细设计；编制正样阶段分系统的验收规范并完成相关产品的验收；完成设备级环境试验，包括验收级振动试验、热真空试验、热循环试验、老炼试验等和相关分系统之间的联合试验；完成卫星总装、测试和大型试验，包括卫星电性能综合测试、电磁兼容性试验、质量特性测试、力学环境验收试验、热平衡试验、热真空试验等相关工作。

（6）发射及在轨测试阶段——E阶段

该阶段完成卫星出厂运输、发射场总装测试以及发射准备工作，卫星发射并定点后，总体和分系统在地面测控系统的配合下完成卫星在轨测试，对载荷经过发射阶段后的性能进行确认，合格后交付用户使用，同时向用户交付卫星在轨使用文件。

在实际的通信卫星研制中，常常根据技术成熟度对上述工程研制阶段或其中的活动进行裁剪或综合，在不影响系统研制质量的前提下有效降低系统开发成本，缩短研制周期。在卫星信息系统的设计过程中，同样遵守卫星研制的流程，在保证卫星信息系统设计的合理性以及适配性等方面要求的前提下，根据实际情况对信息系统的设计进行综合或裁剪。如利用公用卫星平台，并且任务或技术状态相近的卫星型号，其典型阶段仅包括任务分析、方案设计、正样研制和发射及在轨测试几个阶段，其中任务分析阶段重点解决用户应用需求向通信卫星功能需求和研制需求的转化，方案设计和正样研制阶段重点解决研制需求向实际产品的转化，发射及在轨测试阶段重点解决卫星产品向用户应用系统的转化。

1.4.3 通信卫星工程的特点

21世纪以来，通信卫星，尤其是商业通信卫星，呈现出长寿命、高可靠、大容量的发展趋势。通信卫星工程除具有一般航天器工程的特点外，还呈现出一些独有的显著特点，主要反映在卫星设计、测试与试验、制造和管理方面。

1.4.3.1 卫星设计特点

卫星设计方面的特点，主要呈现为符合用户需求、经济性高、继承性好、可靠性高等。

为满足通信卫星长寿命、高可靠、大容量的商业市场需求，在设计阶段就必须统筹考虑卫星产品功能性和经济性的平衡，如向用户提出方案建议时，要根据卫星价格综合考虑卫星用户的有效载荷需求和已有卫星平台产品能力，确定卫星的有效载荷规模和采用的卫星平台，使得用户获得的有效载荷单位价格在市场中具有经济竞争力；针对面向移动通信、宽带通信的新型通信卫星，需要通过星地功能合理划分，以平衡卫星系统和地面系统的复杂度，确保建成后的应用系统具有最优的经济性；为实现高可靠性，针对有效载荷和平台都必须考虑冗余设计，除达到一定的可靠性指标外，还需要尽量为用户降低成本，这在有效载荷设计中尤为重要；在确定方案后开展卫星设计过程中，需要根据平台和有效载荷产品的成熟度尽量选择成熟产品和货架产品，以减少新研产品带来的投入，并有利于提高卫星的可靠性；除上述设计内容外，采用卫星公用平台也是通信卫星设计的重要特点，自从 1984 年 4 月东方红二号卫星成功发射以来，通信卫星工程一直坚持平台化、系列化设计理念，目前我国通信卫星拥有东方红三号系列和东方红四号系列等主流平台，平台产品现具备有效载荷质量 200～700 kg、有效载荷功率 1 000～8 000 W的承载能力，平台系列化和型谱化极大地缩短了卫星的研制周期，提高了通信卫星的可靠性、设计效率和国际竞争力。

1.4.3.2 卫星测试与试验特点

卫星测试与试验方面的特点，主要有测试项目覆盖广、复杂度高，试验种类多、要求高等。

通信卫星的长寿命、高可靠要求，对通信卫星的测试与试验提出了很高的要求，需要通过内容繁多的试验项目，以验证和考核卫星性能、品质、可靠性和环境适应性等，并通过大量模拟和实物试验，为设计和修改设计提供依据。考虑到通信卫星的复杂性，整星级试验包括电磁兼容性试验、力学试验、模态试验、分离冲击试验、噪声试验、热真空和热循环试验、天线太阳翼收拢展开试验以及紧缩场测试等。其中电磁兼容性试验和紧缩场测试是通信卫星整星级验证的重要环节。随着通信卫星有效载荷配置的复杂度提高，多频段、高集成度趋势明显，必须通过电磁兼容性试验验证卫星内部及外部的频率兼容性；为了在地面验证卫星天线的辐射特性，为卫星在轨测试提供判读依据，需要通过紧缩场测试得到卫星在轨运行状态下的无线辐射特性。

1.4.3.3　卫星制造和管理特点

由于通信卫星面临的任务需求逐步增多，天线形式呈多样化发展，加之舱内有效载荷设备复杂度提高，对通信卫星的外形和结构提出了新的要求，如质量小、强度高、刚度大、稳定性好、热物理特性优良和工艺性好等。为了满足这些要求，卫星制造技术面临很大的挑战，主要有：需要研制大量的专用工艺和设备，如大型热压罐固化设备、质量特性测量设备、两轴转台、翻转架车、太阳翼和天线展开桁架、大型包装箱以及热真空试验设备；大量采用复合材料结构件和蜂窝夹层结构件；采用各种特殊的热控制技术、材料和工艺，如热控涂层及其工艺、热管的技术和制造工艺等；此外，由于通信卫星外形尺寸较大且研制周期短，卫星运输过程往往采用大型运输机进行空运。

随着公用平台的成熟度提高，通信卫星的研制也向着批生产管理方向发展，卫星平台作为独立产品进行技术状态控制、设计生产、测试验证管理等，配合卫星工程主线，支撑卫星工程项目在经费、进度和性能方面的综合目标。通过卫星公用平台的产品化和批生产管理，可以有效减少管理成本和提高管理效率，这对于注重经济效益的商业通信卫星尤为重要。此外，通信卫星的市场化、商业化、全球化的运作特点，要求其在工程管理方面需要与国际接轨，在合同谈判、合同履约、过程控制、用户介入、售后服务等多个环节，需按照国际惯例执行。

第 2 章　通信卫星信息系统介绍

2.1　通信卫星信息系统简介

卫星信息系统作为卫星总体的重要组成部分之一，与卫星机械系统、能源系统和热控系统共同称为卫星总体系统。

从广义上说，通信卫星信息系统主要包括星载测控信息流的传输流向以及卫星遥测遥控资源分配（星载信息系统）、卫星与卫星之间的星间测控信息传输的方式与协议的实现集合（星间信息系统）、卫星与地面测控网络的星地信息传输方式与协议的实现集合（星地信息系统）。本书所聚焦的通信卫星信息系统，主要是指星载信息系统和星间信息系统，星地信息系统不属于本书所论及的通信卫星信息系统范畴，在本书中将不做详细介绍。

（1）星载信息系统

星载信息系统是星载设备相互之间传输测控信息流的协议、格式及流向的统称，其范围涉及星载各个功能分系统。按照通信卫星平台各系统功能的划分，星载信息系统主要涉及遥测遥控分系统、星载数据管理分系统以及综合电子分系统。上述几个功能分系统主要负责星载测控信息流在星上设备之间的发送和采集功能。

通信卫星信息系统设计的主要对象为星载测控信息流（含遥测和遥控信息）和星载测控信息流传输方式与协议的实现集合，其设计内容主要包括卫星测控需求分析、信息流协议规定、信息流向规划及遥测遥控信息测点编排等。星载测控信息以信号的形式，由星载信息系统所涉及的卫星分系统通过星载设备之间的信号电缆，通过相关测控协议，以数据包的形式进行收集或发送，并统一汇总输出。其中，测控信息是指表征卫星星上设备状态的遥测信息和能够控制卫星完成动作的遥控信息的统称。所以，星载测控信息流是指具有规定流动方向和格式的测控信息从信源向信宿传递的过程。

（2）星间信息系统

星间信息系统是由多颗卫星编队运行所组成的信息系统，一般来说，星间信息系统主要指的是星间测控系统。系统中的各颗卫星保持相对稳定的几何构型绕地球旋转，卫星轨道周期相同，星间相对位置稳定。卫星协同工作，作为一个信息系统，共同承担信息传输与信号处理等通信任务。

星间信息系统较单一卫星的信息系统来说更为复杂，涉及星间的信息流传输协议、几何位置关系以及星间同步等。除了需要提供精确的轨道和位置信息及精确的卫星姿态信息外，星群信息系统还必须具备完善的星地、星间测控与数据传输链路，星间精确的几何位置信息和时间同步关系，以及多星同时测控与管理的能力。

卫星信息系统第一代方案以"借鉴与继承国内外经验，综合与优化实现的功能，模块化设计"为设计理念，从系统角度对整星信息流进行设计，完成卫星测控、星务、姿轨控、能源及电推进等功能，采用总线接口，设备内部采用模块化设计。经过多年发展，卫星信息系统技术功能逐步完善和强大，在满足用户和技术需求等方面做得越来越好。新一代的卫星信息系统方案则是以"建立通用平台、接口标准，动态扩展"为设计理念，从星间和星载两个方面对信息流进行设计，对数据和信息具备统一的管理和调度能力，在第一代方案的基础上加以扩展，提升服务能力，提供面向大容量、多类型载荷的综合服务能力，并采用各级总线接口，将接口和协议封装，形成通用芯片。

卫星信息系统各阶段发展特点见表 2-1。

表 2-1　卫星信息系统各阶段发展特点

阶段	时间	技术特点	技术研究重点
第一阶段	1975 年以前	用各种星载电气器件完成简单功能	研发高性能电气器件
第二阶段	1975—1990 年	以相互独立的电气和信息系统完成比较复杂的功能	开发相互独立的系统
第三阶段	1990—2005 年	每一项大的功能构成一个系统	系统功能的定义和集成
第四阶段	2005 年以后	统一的电子工程环境和标准接口，所有功能在一个模块化的环境中开发	卫星系统功能定义和一体化设计

为了更好地扩展卫星能力，满足市场需求，下一代卫星信息系统要向着以下方向发展。

1) 架构通用柔性化。卫星信息系统最终要建成为一个通用的、柔性的、可重构的和可扩展的系统。通过模块化硬件、结构化软件、标准化协议和接口实现以硬件、软件产品的组合构建适合任务特点的实际系统。

2) 服务平台统一化。卫星信息系统的核心是构建一个能源、信息和控制三位一体的服务平台，为有效载荷提供全方位的服务，不因卫星任务而改变。服务平台为卫星有效载荷提供高效灵活的信息服务，包括信息传输、交换、处理和存储等。服务平台对卫星有效载荷的各种设备实施管控，包括运行管理、自主管理和重组管理等。

3) 接口业务标准化。接口的标准化为卫星信息系统的通用性奠定了基础。接口的标准化可以规范单机接口标准，为遥测遥控等各项任务提供标准化的业务支持，并降低开发成本，缩短开发周期。

4) 数据系统网络化。目前空间任务已经从单航天器单地面站演变为多航天器与多个地面站间的网络结构，以天基网络为基础，建立空间数据系统，实现卫星星座数据共享。

2.2　通信卫星星间信息系统介绍

由两颗或两颗以上卫星"群体"，按一定要求分布在一种或多种轨道上，共同合作完成某项空间飞行任务，从而获得更多价值。这样的"群体"内部卫星之间测控信息传输方式与协议的实现集合，称为卫星星间信息系统。

这种卫星"群体"称为分布式卫星系统，它包括编队飞行、星群与星座。

分布式卫星系统各颗卫星之间在动力学上相互独立，根据各颗卫星运行过程中是否进行轨道操作和卫星间是否有外加星间闭路轨道控制系统这两个特征来确定分类。

（1）编队飞行

分布式卫星系统中各颗卫星在轨道上按各自的特性运行，只有外加轨控系统时，才能保证它们保持队形。也就是说，编队飞行指的是星间闭路轨道控制系统作用于分布式卫星系统中的各颗卫星后形成的效果。

（2）星群

卫星定点后，一般不需要进行轨道操作，若卫星受轨道摄动，所产生的位置变化在很大程度上不会过多影响飞行任务。星群主要用于空间环境参数的探测任务，在寿命期间卫星因轨道摄动引起其位置变化不影响任务完成。

（3）星座

星座中的各颗卫星分布在轨道上，旨在扩大对地覆盖面积或者缩短重访时间，不需外加星间闭路轨道控制系统。星座轨道保持控制是定期的，一段时间内如几天或几十小时，进行一次控制操作，周期取决于星座相对位置保持精度和轨道摄动大小。

通信卫星所组成的分布式卫星信息系统主要是以包含星间链路的星座形式达成的。

2.2.1　卫星星座

卫星星座是为完成某一特定任务而协同工作的多颗卫星的集合，主要是为了增加对地覆盖面积或者缩短重访时间。星座这个名词来自天文学，指的是群星在太空的分布形态，最早来源于拉丁语，意为"星星聚集"。随着空间技术的发展，人们根据各种应用的需要，建立各种卫星星座。

2.2.1.1　星座分类

（1）按应用分类

星座按应用可分为导航星座，通信星座，数据中继星座，遥感星座，科学试验星座等。

（2）按轨道分类

星座按轨道可分为近地轨道、中轨道、地球同步轨道、椭圆轨道、混合轨道星座等。

（3）按其他要求分类

星座可用覆盖面积、覆盖重数、时间分辨率这三个指标进行分类。按覆盖面积可分为全球、地带（纬度限制、经度不限）、区域（纬度和经度均受限制）；按覆盖重数可取值为一重、二重、三重和四重等。按时间分辨率可分为连续、间断（十分钟、半小时、几小时等）等。

2.2.1.2　星座轨道

星座轨道设计首要原则是应用。不同星座的应用，具有不同的轨道结构。各种星座轨道设计复杂，星座轨道设计的有关参数和影响因素详见表 2-2。

均匀对称圆轨道星座是一种最常见的卫星星座，包括 δ 星座、玫瑰星座、σ 星座等。其特点是卫星星座中各轨道面在空间均匀分布，各轨道面内卫星也均匀分布，不同轨道面间卫星的相位保持相关性，一重或多重连接覆盖类航天任务中多采用这种星座。δ 星座用参考码中 $T/P/F$ 和一个角度 δ 标记。参考码中，T 表示卫星星座中包括的卫星总数，P 表示卫星星座中的轨道面数目，F 表示用以确定相邻轨道面卫星相对相位的因子（$F = 0，1，2，3，\cdots，P-1$），角度 δ 表示星座中所有轨道面相对于所选定的参考平面的夹角。对于参考码为 $T/P/F$ 的 δ 星座，每个轨道面内均匀分布 x 颗卫星，$x = T/P$，F 个星座基本单位解释为相邻轨道面卫星的相位差。星座基本单位简记为 PU，定义 PU 为 $360°/T$。玫瑰星座是轨道面数目 $P = T$ 的一种特殊的 δ 星座，因轨道的投影像一朵绽放的玫瑰花而得名。

表 2 - 2　星座轨道设计的有关参数和影响因素

因素		影响	选择准则
主要设计变量	卫星数目	决定成本和覆盖的主要因素	选择最少的卫星满足覆盖和性能的要求
	轨道高度	覆盖，发射和变轨成本	通常是成本和性能之间的系统级权衡
	轨道平面数目	灵活性，覆盖性能，发展和降级使用	以最少的轨道平面满足覆盖性能要求
其他设计变量	轨道倾角	决定覆盖的纬度分布	选择纬度覆盖大并兼顾成本权衡的综合要求
	轨道平面的相位	决定覆盖的均匀性	取舍中选择最佳覆盖
	偏心率	任务的复杂性、可达的高度和覆盖与成本的关系	一般取零，除非为满足特别需求才选其他值

2.2.1.3　星座的发展与应用

卫星星座的发展始于 20 世纪 60 年代。当时，人们通过各方推演后发现利用三颗在地球静止轨道上空均匀分布的地球静止卫星，可实现除两极外的全球通信。随着空间技术的进步和应用需求的发展，卫星星座的数量日益增加，近些年更是发展迅速。它主要应用于以下三个方面。

（1）导航

目前国际上主流的导航星座主要包括美国导航星（Navstar）全球定位系统（GPS），俄罗斯的全球导航卫星系统（GLONASS），欧洲的伽利略（Galileo）导航星座和中国的北斗（Compass）导航星座等。

（2）通信

通信卫星星座主要包括用于电视转播的地球静止轨道卫星星座，用于移动通信的地球低轨道的铱（Iridium）系统、全球星（Globalstar）系统、轨道通信（Orbcomm）系统等。一些国家军用通信卫星也采用星座的形式，如美国军用通信卫星中的国防卫星通信系统（DSCS），俄罗斯军用通信卫星中的闪电（Molniya）卫星系统等。

（3）地球观测

用于军事目的的侦察卫星、海洋监视卫星、电子侦察卫星、预警卫星等均属于地球观测卫星星座范畴。

随着空间技术的发展，特别是现代小卫星的出现，卫星星座应用在经济上和技术上优势明显。对地观测星座，特别是低轨道的军事侦察、目标指引和监视，具有高的空间分辨率和时间分辨率等优势。

2.2.1.4　国内外典型通信星座

自 20 世纪 80 年代末，低轨通信卫星星座开始起步，至今已经经历了 30 余年的发展历程，Iridium、Globalstar 等低轨移动通信星座陆续升级到第二代系统。此外，国内也有相关企业和科研院所推出了低轨卫星移动通信系统的建设计划。

（1）Iridium 系统

Iridium 系统于 1987 年启动建设，1999 年完成组网并投入运营。系统由分布在 6 个准极轨面（轨道高度 780 km，轨道倾角 86.4°）上的 66 颗卫星（此外在轨 6 颗备份卫星，实际发射 95 颗）和地面系统组成。Iridium 系统采用星间链路实现互联互通，地面多个信关站分别独立管理不同区域的用户接入。Iridium 系统主要提供话音和短数据服务。系统业务允许在全球任何地方进行话音、数据通信。

Iridium 系统架构如图 2 - 1 所示。

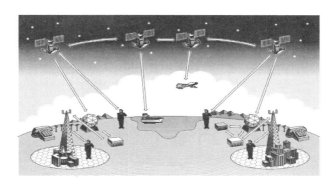

图 2 - 1　Iridium 系统架构

第二代 Iridium 系统（Iridium NEXT）于 2010 年开始筹划建设，截至 2018 年 6 月已经发射 55 颗卫星。Iridium NEXT 系统已于 2018 年年底完成组网并提供服务。Iridium NEXT 系统除了提供第一代系统的服务外，还能提供全球互联网接入服务，并能够提供导航增强和航空航海监视等服务。Iridium NEXT 系统的技术特性见表2 - 3。

表 2 - 3　Iridium NEXT 系统技术特性

指标	参数
卫星数量	66 颗星（不含在轨备份 6 颗、地面备份 9 颗）
轨道构型	轨道高度 780 km，轨道倾角 86.4°，6 轨道，每个轨道 11 颗星
卫星质量	860 kg
卫星平台	EliteBUS 1 000
用户载荷	采用 L 频段，平板相控阵天线（168 个阵元），48 个点波束

续表

指标	参数
空间组网	单星 2 同轨链路，2 异轨链路
星间链路	采用 Ka 频段，速率 12.5 Mbit/s
设计寿命	12.5 年
业务能力	话音：2.4 Kbit/s 和 4.8 Kbit/s 短数据包服务（SBD） 电路交换：2.4 Kbit/s 数据业务：22～88 Kbit/s 宽带业务：最大支持 1.4 Mbit/s 利用 Ka 频段提供上行 8 Mbit/s，下行 8 Mbit/s 业务

第一代卫星星座由洛克希德·马丁空间系统公司（Lockheed Marting Space Systems Company，LMT）负责建造，卫星发射质量 690 kg，设计寿命 5～8 年，寿命末期功率为 1 400 W。第二代卫星星座主要由泰雷兹·阿莱尼亚公司负责建造，卫星发射质量 860 kg，设计寿命 12.5 年，寿命末期功率为 2 200 W。

（2）Globalstar 系统

Globalstar 系统由分布在 8 个轨道面（轨道高度约 1 400 km）的 48 颗卫星（外加 8 颗备份星）及地面系统组成，能够覆盖南北纬 70°范围以内的地区。1991 年启动建设，2000 年完成组网并投入运营。Globalstar 系统主要提供话音和短消息业务。Globalstar 第二代系统于 2006 年启动建设，目前已经完成 24 颗在轨卫星的发射。

Globalstar 系统架构如图 2 - 2 所示。

Globalstar 系统主要的技术特性见表 2 - 4。

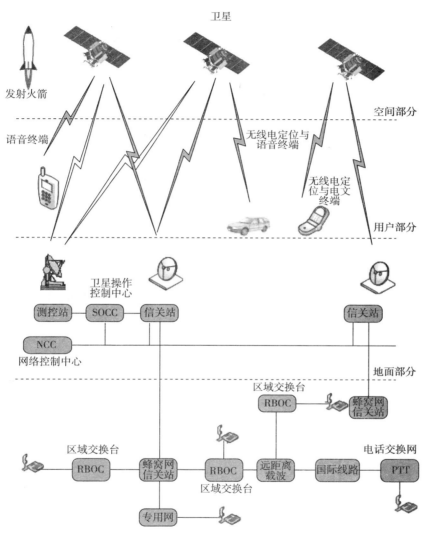

图 2 - 2　Globalstar 系统架构

表 2 - 4　Globalstar 卫星通信系统主要技术特性

指标	参数
卫星质量	450 kg
卫星轨道	1 414 km，8 个轨道面
卫星功率	1 100 W
覆盖范围	南北纬 70°
波束	16×48
工作频段	L/S（用户链路），C（馈电链路）
通信体制	DS - CDMA/QPSK 卷积
关键技术	多波束天线透明转发
手持终端速率	GSM 模式：9.6 Kbit/s，卫星模式：7.2 Kbit/s

Globalstar 第一代卫星由劳拉空间系统公司（Space System Loral，SSL）负责建造，卫星发射质量 450 kg，设计寿命 7.5 年，寿命末期功率为 1 200 W。第二代卫星由泰雷兹·阿莱尼亚公司研制，卫星发射质量 700 kg，设计寿命 15 年，寿命末期功率为 1 700 W。

（3）信威灵巧星座

灵巧星座是由北京信威科技集团股份有限公司（以下简称信威公司）与清华大学联合提出的低轨卫星移动通信星座。灵巧星座最初计划由 60 颗主卫星组成全球无缝覆盖通信，由 60 颗宽带增强卫星组成卫星星座二期。地面系统建设不少于 2 个关口站，不少于 1 个运控站。星座预计可提供全球互联网接入，多媒体集群及移动通信，航空器的通信与监视，船舶的通信与监视，以及多个频段的电磁频谱监测等功能。

该星座于 2014 年 9 月发射在轨试验卫星，其任务目标是实现基于智能天线的卫星多媒体集群通信，同时开展全球电磁频谱扫描、

GPS＋北斗双模空间定位的技术试验。

2.2.2 星间链路

星座的星间链路，形成卫星之间数据和信息交换的渠道，还能提供测距功能。双向模式一般是星间链路的通信和测距的选择，主要是为了消除大部分影响星间测距的系统误差，并得到卫星间的时钟偏差。

2.2.2.1 频段选择

星间链路指的是卫星之间的交叉链路，可以用来减少或一定程度地替代地面中继站所做的工作。星间链路实现了信息和数据的传递，与星地链路相比也降低了通信时延，避免了信息在星地之间传递的繁琐工作和路由的频繁切换。

（1）链路波段的选择

星间链路是无线链路的一种，其通信、测距可以采用微波链路或光学链路。光学链路可达到亚毫米量级的测距精度，但是链路捕获时间长、传输功率损耗大并且不适用于多链路通信，需使用低输出功率的天线和小型发射机，以减小卫星的质量和体积，提高信道带宽，降低通信干扰和功率损耗，这一链路可以用于数据传输量大于 1 Gbit/s 的卫星星座。而微波链路的带宽一般较窄，载波本身的频率低，需要在卫星上装备大尺寸且发射功率较高的天线，支持多链路通信且链路捕获时间短，这一链路可以用于信息传输量不大的卫星星座。

表 2-5 中 4 个频带的电磁波都属于微波，表中频率和波段范围区间都是左开右闭。

（2）工作频率的选择

卫星星座系统星间链路的频率主要包括了无线电频率和光学频率等，表 2-6 详细列出了星间链路使用的主要频率范围。

表 2-5　微波频带

频带名称	频率范围	波段名称	波长范围
特高频 UHF	300~3 000 MHz	分米波	100~10 cm
超高频 SHF	3~30 GHz	厘米波	10~1 cm
极高频 EHF	30~300 GHz	毫米波	10~1 mm
甚高频	300~3 000 GHz	丝米波	1~0.1 mm

表 2-6　星间链路的频率范围

无线电频率/GHz (Radio Communications Regulations)	0.3~3（L/S 频段）
	22.55~23.55（K 频段）
	32~33（Ka 频段）
	54.25~58.2（毫米波频段）
	59~64（毫米波频段）
	116~134（毫米波频段）
	170~182（毫米波频段）
	185~190（毫米波频段）
光学波长/μm	0.8~0.9
	1.06
	0.532
	10.6

可以从以下几个方面考虑星间链路工作频率的选择：

1）必须符合国际无线电咨询委员会（International Radio Consultative Committee，CCIR）对于卫星星间链路频率的规划要求，UHF、VHF、Ka、S 及 L 频段均可用于卫星星间链路通信。此外，还要从卫星系统电磁兼容性方面考虑，星地链路采用的频段最好不再被星间链路使用。

2）需要从测距天线角度、卫星星间通信考虑。卫星星座系统中卫星之间进行测距和通信，可以采用多波束相控阵天线。由于卫星之间相对位置的复杂性，要求天线波束应具备自动捕获与跟踪的能力，天线波束的指向要根据轨道的规律进行必要的周期性转移和切换，所以系统设计相对复杂。

3）需要从降低星间多普勒频移的影响角度来考虑。由于卫星之间的相对运动速度大，一般来说卫星通信信号会存在多普勒频移，链路捕获难度会随着多普勒频移的增大而增加。对于径向速度 v_0、星间链路工作频率 f_0 的两颗卫星间的多普勒频移为 $f = 2v_0 f_0/c$。

2.2.2.2　分类

一般而言，卫星星间链路的分类包括频域划分和空域划分。

1）按频域划分。国际电信联盟（International Telecommunications Union，ITU）给星间链路分配的频段共有 14 个，主要分布在 UHF 到 EHF（190 GHz）之间，另外还包括一些未分配的波段。

2）按空域划分。即按卫星轨道的位置划分，包括以下两种情况：轨道类型相同和轨道类型不同。本书只考虑在同一轨道高度的卫星之间的星间链路。

（1）轨道类型相同

轨道类型相同的卫星之间的星间链路，即在同一轨道高度的卫星之间的星间链路，如 GEO 卫星之间的星间链路。

这种星间链路可以分为两种情况：轨内星间链路和轨间星间链路，即同一轨道面内的星间链路和不同轨道面内的星间链路。

轨内星间链路中每颗卫星与同一轨道面上在其前、后运行的卫星分别建立链路。

1）卫星通过轨内星间链路将数据和信息发送给同一轨道平面和它相邻且建立链路的两颗卫星。

2）卫星收到信息后，首先检查收到数据和信息的重复性，如果不重复，转下一步；如果重复，则将收到的信息丢掉。

3）卫星通过轨内星间链路将信息传送给同一轨道平面和它相邻且建立链路的卫星。

　　这个过程不断地重复，直到所有的卫星都收到彼此的数据和信息。

　　图 2-3 所示为同一轨道平面内信息的传送过程。$S_{1,2}$ 发送信息到相邻卫星 $S_{1,1}$ 和 $S_{1,3}$，$S_{1,1}$ 和 $S_{1,3}$ 将收到的信息发送给 $S_{1,4}$，$S_{1,4}$ 收到的信息会发生重复，丢弃一个信息后整个传送过程结束。

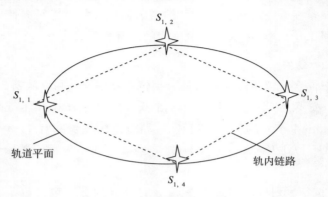

图 2-3　轨内星间链路示意图

　　与轨内星间链路不同，轨间星间链路是卫星在不同轨道面上。由于相对位置的变化频繁，导致卫星之间的距离和方位角都是实时变化的。每颗卫星要与其他卫星建立星间链路，必须获取其他卫星的精确位置。卫星之间的距离和方位角的变化速率、变化范围、其中的规律性，都是卫星星间链路设计中要仔细考虑的因素。

　　通过建立轨间星间链路，信息和数据不仅要分别在轨道平面 j 和 i 内部传递，还可以在轨道平面间传递。

　　1）轨道平面 i 和 j 中，将各自离平面交叉点最近的卫星作为起始点和接收点，轨道平面之间的信息和数据均通过起始点和接收点之间建起的轨间星间链路进行传递。

　　2）轨道平面 j 的接收卫星收到信息后，判断收到信息的重复性，如果重复，将收到的信息丢掉，如果不重复，通过轨内星间链路，转发到同轨道面的相邻卫星。

3）同轨道面内其他卫星收到信息后，同样首先检查信息的重复性，如果重复，将收到的信息丢掉，如果不重复，转发到相邻卫星。

轨道平面 1 将信息发送到轨道平面 2 的过程示意图如图 2 - 4 所示。

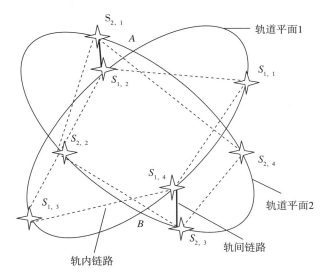

图 2 - 4　轨间星间链路示意图

图中两个轨道平面的交叉点为 A 和 B，选取卫星 $S_{1,2}$ 和卫星 $S_{1,4}$ 作为轨道平面 1 的起始点，接收点是卫星 $S_{2,1}$ 和卫星 $S_{2,3}$。从卫星 $S_{2,1}$ 和卫星 $S_{2,3}$ 开始，信息通过轨内星间链路在轨道平面 2 中传送。

轨道类型相同的星间链路，覆盖相同区域，可以扩大系统的通信容量，不同覆盖区域，可以增大系统的通信面积，同时处于同一轨道高度的星间链路可以提高卫星的通信质量，降低对卫星轨道位置的约束标准。

单颗卫星通信有两个缺点：一个是单星的可持续通信的时间很短；另一个则是单星的覆盖范围较小，通过星间链路实现卫星星座的空中组网，在某些情况下信息在最终到达用户之前，只通过地面站传输一次甚至根本不到地面站，从而实现信息的快速传递。

（2）轨道类型不同

轨道类型不同，即不在同一轨道高度。这主要是低轨卫星星座系统，因为低轨卫星星座系统需要大量卫星（几十颗到几百颗）才能有效覆盖全球，利用轨道类型不同的星间链路可以形成航天器之间通信支持和轨道跟踪，为航天器提供全天候的轨道参数、姿态测量和跟踪功能，还具有为多个航天器同时提供上述服务的能力。

2.2.2.3　时间系统

时间系统和空间坐标系是卫星星座系统的重要参考系之一。在卫星星座运行过程中，不论是轨位计算还是输入和输出数据等方面，都需要相关的参考系作为参照。

卫星星座涉及的时间系统主要有以下几个。

（1）国际原子时（Temps Atomique International，TAI）

原子时秒是国际制秒的时间单位，由这个时间单位确定的时间系统称为国际原子时，1958 年 1 月 1 日世界时零点作为起始点。1原子时秒的长度为铯原子 Cs^{133} 基态的两个能级间跃迁辐射的 9 192 631 770 周所经历的时间，这个秒长定义被第十三届国际计量大会决定引入，称为国际单位秒（SI – International System of Units）。

（2）恒星时（Sidereal Time，ST）

恒星时一般使用的是格林尼治恒星时，是由地球自转时角所确定的时间，受多个因素的影响，它是不均匀时间系统。格林尼治恒星时分为格林尼治真恒星时（Greenwich Apparent Sidereal Time，GAST）和格林尼治平恒星时（Greenwich Mean Sidereal Time，GMST）。真赤道坐标系到地固坐标系之间的转换主要使用格林尼治恒星时。

格林尼治真恒星时和格林尼治平恒星时的关系如下所示

$$GAST = GMST + \Delta\psi\cos\varepsilon \qquad (2-1)$$

式中　　$\Delta\psi$——黄经章动；

ε——黄赤交角。

（3）世界时（Universal Time，UT）

世界时是一种不均匀的时间系统，以地球自转运动为基准。世界时通常包括 UT0、UT1 和 UT2 三种形式。UT0 是用全球多个观测站观测恒星的运动以确定的时间系统。UT1 是对 UT0 进行修正后的世界时，反映了地球自转角速度的变化。UT2 是对 UT1 进行周期性季节变化修正后的世界时。

（4）动力学时

动力学时是利用天体力学理论建立的运动方程编算天体星历时所用的时间系统。动力学时是连续和均匀的时间系统，根据所描述运动方程的参考点不同，动力学时可分为地球动力学时（Terrestrial Dynamical Time，TDT）和质心动力学时（Barycentric Dynamical Time，TDB）。

（5）协调世界时（Coordinated Universal Time，UTC）

国际上规定以协调世界时作为标准时间和频率发布的基准。当 UT1 与 UTC 的差值大于 0.9 s 时，UTC 加 1 s，称为跳秒或闰秒。闰秒由国际地球自转服务机构（International Earth Rotation Service，IERS）决定并公布，一般每年的 12 月 31 日或 6 月 30 日末加入 UTC。因此，UTC 是均匀但不连续的时间系统。UTC 的秒长与原子时秒长一致，但其历元与世界时的历元相同。

（6）GPS 卫星时

美国的 GPS 星座建立的时间系统 GPST 属于原子时系统，其秒长与国际原子时相同。所以，GPST 与国际原子时在任一瞬间均有一常量偏差，即 19 s。GPST 是均匀且连续的时间系统。

（7）北斗时

北斗卫星导航系统是由我国自行研制并已投入使用的全球卫星导航系统，缩写为 BDS，全球四大卫星导航系统之一。该系统由空间段、地面段和用户段三部分组成，可以在全球范围内全天候、全天时为各类用户提供高精度、高可靠定位、导航、授时服务，并且具备短报文通信能力，目前已经建成的北斗二代区域卫星导航系统，在轨卫星搭载的均为国产铷原子钟。在接收机上配备高精度的小型铷钟的目的是使接收机的时钟与卫星上的时钟保持同步，当用户时钟与双星定位系统时间基准进行严格同步时，系统提供两种工作方式：一种是能满足 100 ns 时间传递精度的单向授时方式，另一种是能满足 20 ns 时间传递精度的双向授时方式。北斗定位精度为 10 m，测速精度为 0.2 m/s，授时精度为20 ns。北斗时的时间起始位置为 2006 年 1 月 1 日协调世界时（UTC）00 时 00 分 00 秒，计时方式为周数和周内秒计数。

2.2.2.4　坐标系统

对于卫星星座系统来说，与时间系统同样重要的参考系是坐标系统。坐标系统描述了卫星运动、处理观测数据和解释处理结果的基础。

卫星星座所涉及的坐标系统主要包括：地心惯性坐标系、地固坐标系和星固坐标系等。

（1）地心惯性坐标系（$O_iX_iY_iZ_i$）

地心惯性坐标系对描述卫星运动位置和速度较为适用，地心惯性坐标系的坐标原点为地球质心，基本平面为地球平赤道面，Z 轴正向为基本平面的法向，指向北极，X 轴在基本平面内，由地球质心指向平春分点，Y 轴位于 Z 轴和 X 轴构成的右手系中。

（2）星固坐标系

星固坐标系是与卫星相关的坐标系，以卫星为坐标原点，这样的坐标系便于描述卫星的运动情况。星固坐标系的坐标原点为卫星质心，Z 轴正向由卫星质心指向地球质心，X 轴指向卫星至地心的向量与从太阳至卫星的向量的矢量积方向，Y 轴位于 Z 轴和 X 轴构成的右手系中。

（3）地固坐标系

通常地固坐标系的原点为地球质心，Z 轴正向指向北极的国际惯用原点（Conventional International Origin，CIO），基本平面与 Z

轴垂直，X 轴在基本平面内，由地球质心指向格林尼治子午圈，Y 轴位于 Z 轴和 X 轴构成的右手系中。

2.2.3　星间测控

2.2.3.1　卫星测控原理

卫星测控的要素主要包括卫星角度、速度与距离，通过对这些要素进行测量以及数据处理，获得卫星的飞行状态。地面站据此发出遥控指令，调整卫星达到期望的工作状态。

对卫星的测控是指对卫星的遥测、遥控和跟踪，即 TT&C（Tracking，Telemetry and Command）。测控中最重要的就是对卫星的跟踪，TT&C 中的第一条"T"（Tracking）就是指跟踪。跟踪的一项重要工作就是测轨。卫星等的无动力飞行轨迹称为轨道，导弹、火箭等的有动力飞行的轨迹称为弹道。

绕地运行的航天器，其质心运行的轨迹称为运行轨道。理想情况下，航天器绕地运行遵循开普勒定律，其运行轨道是一个确定的开普勒椭圆轨道。实际上，由于地球质量分布不均匀，且存在大气阻力、其他天体对航天器的引力以及太阳光压对航天器的作用力等摄动力影响，航天器的运行轨道变成了一条接近开普勒椭圆的复杂曲线，这种偏离现象被称为摄动。实际轨道对理论轨道存在偏离，因此必须对航天器运行轨道进行测量，从而对其进行控制以保持应有轨道。对航天器轨道的确定方法主要有以下两种。

（1）动力学法

动力学法是根据入轨点的位置、速度和方向等信息得到航天器轨道初步模型，再引入航天器在轨道上所受到的各种摄动力因素，运用动力学模型来确定航天器的轨道。由于航天器轨道是根据动力学模型确定的，所以它不需要大量的测量数据。

（2）几何法

几何法定轨利用测量站（单个或多个）测得航天器的角度、距离、速度等数据，按相对几何关系进行计算，得到航天器的瞬时速度和位置，再利用这些结果，经过拟合得出航天器轨道。这种定轨方法只是"逼近"真实轨道，未能反映出航天器轨道的真实变化，所以精度较差。

由于动力学法应用了轨道运行的约束条件，其定轨精度比几何法高，而且所需的元素也少，实用性更强。

2.2.3.2　测量技术

测量技术主要包括飞行器测速技术、定位及其轨迹测量技术、测距技术、测角技术。

（1）测速技术

测速最常用的方法是多普勒测速。当目标正向接近测控站时，多普勒频率为正值，信号接收频率高于发射频率，当目标反向远离测控站时，多普勒频率为负值，信号接收频率低于发射频率。

由于脉冲雷达的作用距离受限，峰值功率受限，测速精度不高，且不能同时传输其他数据，所以在距离远和精度要求高的测控系统中，通常采用连续波雷达。因为该雷达平均功率较大，且作用距离可根据天线口径等因素调整，满足测控系统的要求。

（2）定位及其轨迹测量技术

对飞行器的空间定位至少需要三个独立的位置参量才能确定。目前可测的位置参量主要包括：距离、俯仰角、方位角、距离差、距离和、方向余弦。只要获得任意三个参数就能确定飞行器的空间位置。

（3）测距技术

测距信号多为连续波信号。目前连续波测距信号主要有三种：侧音信号（正弦单频信号）、伪随机码信号（PN 码）以及音码组合信号。这里介绍侧音信号测距。

对于纯侧音信号测距系统，由于侧音的时延 τ 和相位移 ϕ 存在下列关系

$$\tau = \phi/\omega \qquad\qquad (2-2)$$

式中　ω——测距信号的角频率。

　　因此，可通过相位移的测算来求出时延 τ，这种方法称为测相法。从式（2-2）可见，当测相误差固定时，ω 越高时延误差越小，所以可采用频率高的测距信号来提高测距精度。一个正弦周期信号的相位的周期为 2π，因此，实际相位移 ϕ＝回波相位移＋$2n\pi$，（$n \geqslant 0$，n 为正整数）。不同的 n 值导致了不同的回波相位移，从而使回波相位移产生多值性，称为相位模糊，对应的距离就产生距离模糊。该情况的解决办法有两种：一种是采用多个不同频率的纯正弦波信号构成纯侧音组信号，同时测量同一距离；另一种是用较低频率 F_2 的信号 $u_2(t)$ 解决较高频率 F_1 的信号 $u_1(t)$ 的相位模糊，并使 F_1 为 F_2 的 k 倍。

　　在终端分别测出精测信号 $u_1(t)$ 及粗测信号 $u_2(t)$ 的测相差值 $\Delta\phi_1$ 和 $\Delta\phi_2$，如图 2-5 所示。

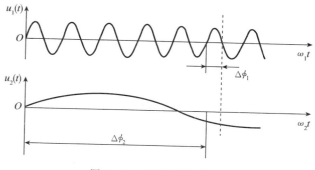

图 2-5　纯模拟侧音信号

　　由图 2-5 可见，$\Delta\phi_1$ 和 $\Delta\phi_2$ 均小于 2π。为了用 $u_2(t)$ 解 $u_1(t)$ 的相位模糊，只要使 $u_2(t)$ 的相位差每隔 $2\pi/k$［正好为 $u_1(t)$ 的整周］记一个读数，共 n 个，而剩下不足 $2\pi/k$ 的部分，由 $u_1(t)$ 测出其相位即可，最后将两个测量结果相加就得到完整数据

$$u_1(t) \text{ 的相移} = \Delta\phi_1 + \Delta\phi_2 = \Delta\phi_1 + 2\pi \qquad (2-3)$$

　　精测频率的选择取决于测距精度的要求。精度要求越高，频率越高，其关系由下式给出

$$F_1 \geqslant c \Big/ \left(4\pi\sigma R \sqrt{\frac{P}{N}} \right) \qquad\qquad (2-4)$$

式中　F_1——选择的精测频率；

　　　　c——光速；

　　　　σR——要求测距精度；

　　　　P/N——信号的信杂比。

　　当要求测量精度高，作用距离又远时，较低频率 F_2 会出现相位模糊。这样就需要不断选择更低的频率来解高频率信号的相位模糊，直到所选取的低频率不出现相位模糊为止。因此测量信号由多个正弦波组成，该测量信号被称为纯正弦波测量信号，即纯侧音信号。

　　粗测频率的选择取决于最大无模糊距离的要求。距离越远，粗测频率越低，其关系可由下式给出

$$F_L \leqslant c/S_{max} \qquad\qquad (2-5)$$

式中　F_L——选择的粗测频率

　　　　c——光速；

　　　　S_{max}——最大无模糊距离和。

　　（4）测角技术

　　卫星测控系统中，通常采用天线跟踪测角法和干涉仪测角法等方法。天线跟踪测角法是利用天馈伺分系统对卫星进行自跟踪，当天线电轴准确指向目标时，与天线电轴指向一致的天线位置显示值经修正后，即为角度测量值。卫星测控系统中常用的提高测角精度的方法有加大天线口径、减窄波瓣宽度。但这些方法受天线加工精度、馈源安装精度、伺服固有误差、天线转动和跟踪接收机等因素的限制，测角精度最多达到 $0.001°$。干涉仪体制可以进一步提高测角精度，单个天线的口径有限，而干涉仪通过增加两个测量站间的距离来提高测角精度，相位干涉仪的测量对象是相位，电子相位测量技术已达到了较高的精度。

2.2.3.3　卫星星座测控的特点

　　卫星星座的测控比单一卫星更为复杂，主要涉及星间位置关系

以及星间同步。除了需要提供精确的轨道位置和卫星姿态信息外，星座测控系统还须具备以下能力：

　　1）多星测控管理；

　　2）保持星间精确的时间同步信息；

　　3）提供星间精确的几何位置信息；

　　4）建立星地、星间测控与数据传输链路。

　　卫星星座测控主要有以下特点：

　　（1）测控管理目标多

　　卫星星座测控需要同时对星座中多个目标进行捕获跟踪，因此需要通过测控体制和天线的设计，保证在同时工作的情况下，满足对不同目标和信号的区分。

　　（2）时间同步精度要求高

　　卫星星座测控要求星地和星间精密测距、星地协同工作，因此要求星地和星间时间同步精度高。采用多站同时测距时，对地面时间同步精度要求高。

　　（3）轨道和星间距离测量精度要求高

　　为实现高精度对地观测和侦察定位，需要更高精度的星座卫星轨道、星间距离测量与编队控制，形成的卫星星历精度要求也高于传统的工程测控。

　　（4）高速数传能力强

　　卫星星座测控中星地数据传输量大，一方面是载荷性能有所提高，单星传输的数据量越来越大；另一方面是多星同时向地面传输数据和信息，卫星星座测控系统需要更强、更高速的数据传输能力。

2.3　通信卫星星载遥测遥控分系统介绍

2.3.1　遥测遥控概述

　　遥测本意为远距离测量，在卫星测控领域是指将卫星上的各种信息（被测物理量）以有线或无线电载波的形式通过下行测控信道送到地面接收设备，经接收、解调处理后还原，为地面人员提供在研卫星或飞行中卫星的当前工作状态和信息的过程。完成卫星遥测功能的设备集合称为遥测系统，对遥测系统的了解是进行地面测试和数据处理的基础。遥测系统能从传感器处采集、处理并发送上述各类数据，地面系统能接收、处理和提取这些数据。简的航天器遥测系统框图如图 2-6 所示。其中，传感器是遥测数据采集的重要部件，采集的信号多种多样，比如红外、太阳、地磁、压力、应变、温度等。

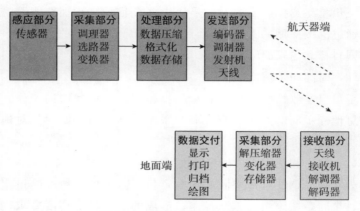

图 2-6　航天器遥测系统框图

　　遥测信息的采集和数据处理是遥测系统的重要功能，信息采集是通过传感器和变换器将所需的信息变为电信号，再由数据采集器获取量化成数字信号，并通过调制无线发送，而数据处理就是由地面系统对接收的原始信息进行加工、变换和计算，达到了解和掌握卫星的环境、状态并控制卫星的目的。

　　遥控本意为远距离控制，在卫星测控领域是指将地面上的各种指令和数据信息通过上行测控信道以电信号的形式调制在有线或无线电载波上向卫星发送，卫星接收解调后，相关仪器设备完成规定的动作，从而实现地面对卫星仪器、设备控制的过程。遥控系统关注的主要指标包括与其他分系统设备之间的电接口匹配特性、指令格式以及加解密等。完成遥控功能的整套设备组合称为遥控系统。简要的航天器遥控系统框图如图 2-7 所示。

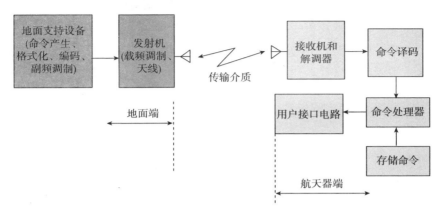

图 2-7 航天器遥控系统框图

星载遥控系统设备负责接收地面发送的遥控指令和注入数据，实施对卫星工作状态的控制以及注入星上计算机程序代码。星载遥控设备的主要特点是可靠性高、重量轻、功耗小、抗干扰能力强，能适应空间飞行环境。当卫星某分系统和星上设备有故障时，地面系统可以通过遥控系统向卫星发送遥控指令，实施系统重组或注入星上程序代码，运行可行的卫星抢救程序。遥控指令和数据注入的执行是卫星在轨运行和生存的基本要素之一，是地面站对卫星采取应急措施的重要手段。

2.3.2 遥测信息

星上采集的遥测信息主要包括模拟量遥测信息、开关状态量遥测信息、数字量遥测信息。

2.3.2.1 模拟量遥测信息

模拟量遥测信息是随时间连续变化的信号，主要指电气模拟信号或物理模拟信号。在卫星工程遥测中有许多环境参数的测量结果都是非电量的遥测信息，如温度、压力等，它们必须通过遥测传感器，将物理量、化学量等的变化转换成电信号后，才能传输、处理和存储。对于变换后信号电平偏弱或含有用处不大的频率成分时，还需要经调节器放大或滤波后再由星载遥测设备采集。

有一些虽是电信号参数，但不符合有关型号遥测采集接口的要求，则先经过变换，使之符合遥测采集接口要求后再由星载遥测设备采集。

对于字长 8 bit 的模拟量信息，当测量精度取 1% 时，遥测系统常用 10 位的 A/D 变换器，取中间的 7 位作为量化的值，也称为分层值。再与奇偶校验器的输出一起组合成 8 bit 的数据字。当要提高测量精度时，一般就不设数据字的奇偶校验位，即 8 bit 都是信息位，甚至采用 12 位以上的 A/D 变换器进行量化，并用双字节来满足 0.1% 以上要求的高精度测量。

2.3.2.2　开关状态量遥测信息

卫星工程测量参数中有一类属于工作状态或控制指令状态的遥测量，直接反映仪器设备的工作状态或间接表示仪器设备受指令控制的情况，如设备供电状态、指令接收情况、加热器的通断、电磁阀的开关、主备份的切换等。它们一般通过继电器触点的转换，程序时间控制器触点的断开和闭合，电子门电路输出的高低电平，半导体晶体管的导通和截止等形式被遥测系统采集。对于非电量的触点信号和不是用高低电平反映状态的测量信号，都必须先进行预处理，变换成数字电路能识别的高低电平后，再由星载遥测设备通过双电平通道获取。对应每一个状态可以用字节的某一位表示，或用几位编码的方式编入数据格式。

2.3.2.3　数字量遥测信息

数字信息有许多优点，不仅传输精度高、速率快，可以进行存储、复制、压缩、加密等再加工，还可以充分使用数字通信技术和数字电路的集成工艺，并可以与计算机直接交换信息，便于集中控制和管理。随着微计算机在卫星工程测量的广泛应用，测量信息的数字化也越来越普遍。因此，卫星工程遥测越来越多地采用数字量遥测。

数字量遥测一般是由被测对象直接提供数字化的信息或在被测对象附近放置具备模数转换功能的采编器，通过传输线和约定的物理接口，由星载遥测设备编入遥测数据格式。

目前各种物理接口都已经形成规范或标准，经典遥测或可编程遥测系统普遍采用的是国家相关标准规定的 PCM 同步接口方式，在非纯遥测的测控系统中，更多地使用 1553B 总线或 RS422、LT485 等系列的串行通信接口方式。

在 PCM 同步接口方式中，数据交换双方的物理接口器件一般使用 CMOS 的 OC 门和并/串转换的移位寄存器，遥测系统通过 OC 门提供获取信息所需的帧同步、字同步和码同步 3 种接口信号。帧同步信号作为数据信息交换的起始标志；字同步信号作为被测信息字的起始标志，一般作并行数据选通用；码同步信号是并/串转换电路的时钟信号，它将每字节的信息一位一位地输入到遥测设备。还有一种将字同步信号和码同步信号进行组合，只在被测信息字位置输出连续 8 个码同步脉冲组的路码同步信号时使用。它兼有字同步信号和码同步信号双重功能，但简化了同步信号的连接线，信息交换时只需要帧同步和路码同步 2 种信号。

总之，PCM 同步方式是数字量遥测中简单方便、经济实用的接口方式，但在工程实施中需注意两点：一是 OC 门的负载要合适，使信号的低电平不能超过器件对它判别的阈值；二是长传输线情况下要消除码同步信号线上引入的干扰脉冲。

2.3.3　遥控信息

地面系统向卫星发送的遥控信息有三种：

1）遥控指令，地面系统向卫星发送控制卫星飞行姿态和控制卫星上设备工作状态、主备切换等的指令。

2）注入数据，地面系统向卫星发送的控制卫星动作的工作参数或指令块，包括轨道根数、设备工作程序参数、延时遥控指令、时钟校正和卫星上计算机程序等。

3）加密遥控，当对指令和注入数据有加密要求时，地面系统向卫星发送的指令和注入数据具有加密保护信息以及密钥管理信息。

星载遥控设备的组成主要取决于卫星总体对卫星遥控的要求，其中可靠性要求通常是各分系统中最重要的。卫星处于任意姿态时，遥控都应能正确地接收并执行控制命令和注入数据。因此，星载遥控设备一般采用双机热备份体制，指令路径上主要部件皆是双套并行工作，两路指令译码器只要一路能输出指令，两路指令驱动电路就能通过终端逻辑"或"输出指令，驱动执行机构。数据注入信道采用双机交叉切换双冗余方案，数据译码器的输入和输出均可切换选择，输出数据可以来自四种通道组合状态中的任意一种。因此，系统构成和信号流程的设计都具有较高的可靠性。

星载遥控设备由指令译码器、副载波解调器组成。指令译码器具有地址同步识别、指令逻辑控制、指令输出等功能。对指令和数据加密有高要求的还有解密模块。

2.3.4　测控体制

测控体制是指地面测控站与卫星间上/下行信道传送测距、遥测、遥控和通信等基带信号所采用的载波、副载波和调制/解调体制。

目前，我国的卫星测控体制主要为统一载波测控体制，即基带信号使用同一载波进行信号传输。采用 S 频段载波的统一载波测控体制，称为统一 S 频段测控体制（USB）；采用 C 频段载波的统一载波测控体制，称为统一 C 频段测控体制（UCB）。

1）UCB 体制，即测控系统工作在 C 波段下，采用 C 波段统一载波体制。上行和下行信号分别采用调频和调相的模式对同一 C 频段载波进行角度调制。通信卫星等一般采用 UCB 测控体制。

2）USB 体制，即测控系统工作在 S 波段下，采用 S 波段统一载波体制。上行信号、下行信号均采用调相的模式对同一 S 频段载波进行角度调制。载人飞船系统、资源卫星系统、实践系列卫星、海洋卫星、静止轨道导航卫星、风云气象卫星等一般采用 USB 测控体制。

3）扩频体制，即测控系统具备解扩和扩频功能，对上行信号进行解调解扩，对下行信号进行扩频调制；其收、发载波频率可采用 C 波段、S 波段或 Ka 波段的载波。近年来，我国新研制的通信卫星、导航卫星、遥感卫星等已开始逐步新增扩频测控体制，与传统的 USB、UCB 测控体制相比，主要差别是在基带部分引入扩频数字处理，而在射频部分差别不大。

一般情况下，军用卫星测控体制采用 USB/扩频体制或 UCB/扩频体制的组合，确保其可靠性和保密性；而民用卫星采用 USB 体制或 UCB 体制。

2. 3. 5　测控信号

测控信号按照调制的阶段分为以下三类。

（1）PCM 信号

PCM 信号是对原始模拟信号进行脉冲编码调制后的数字基带信号。

数字基带信号是用数字信息的脉冲信号波形表示的，不同形式的数字基带信号具有不同的频谱结构，合理地设计数字基带信号可以使数字信息变换为适合于给定信道传输特性的频谱结构，通常又把数字信息的脉冲信号表示形式称为码型。数字基带信号的码型种类繁多，本书仅就卫星实际应用的一些重要码型进行介绍。

在二进制编码系统中只有两个数字码元，这两个码元通常以 1 和 0 表示，并且规定比特数据流中的每个数据码元都占据相同的持续时间 T_b。如果将 1 用一个固定幅度的正电平脉冲表示，而 0 用零电平或负电平脉冲表示，则称其为不归零电平码，这也是一种最基本的二进制码型，其他各种码型都以它为基础进行变换。还有一种基本码型称之为归零电平码，它在码元 1 的持续时间 T_b 内的前半部分为高电平，而后半部分为零电平，并且 0 码元的整个持续时间内也都是零电平。

　　但在一些二进制传输系统中，考虑到同步、识别、带宽、比特差错率或传输效率的综合影响，在数据码元持续时间 T_b 恒定的前提下，则采用一些特定编码规则所产生的波形来表示并区分码元 1 和 0。

　　NRZ - L、RZ - L 码型为绝对电平码；NRZ - M、NRZ - S 为相对电平码；Biφ - L 为绝对双相码；Biφ - M、Biφ - S 为相对双相码。

　　PCM 数据流可采用 5 种码型，如图 2 - 8 所示。

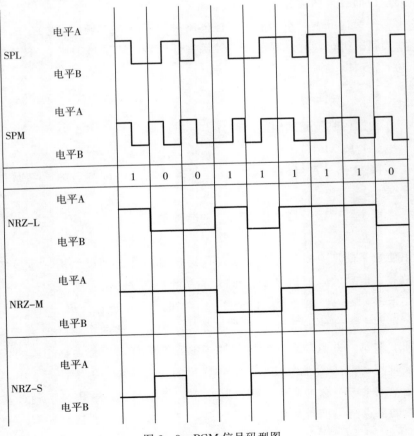

图 2 - 8　PCM 信号码型图

在通信中，PCM 的码型有很多种，而在卫星测控中，PCM 的码型有以下五种（遥测包括所有这五种码型，而遥控只有 NRZ - L 和 SPL 码）：

1）非归零-传号码 NRZ - M。一次电平跳变表示该位为 "1"，无电平跳变表示该位为 "0"。

2）非归零-电平码 NRZ - L。A 电平表示该位为 "1"，B 电平表示该位为 "0"。

3）非归零-传空码 NRZ - S。无电平跳变表示该位为 "1"，一次电平跳变表示该位为 "0"。

4）分相-传号码 SPM（DBI - M）。一次相位跳变表示该位为 "1"，无相位跳变表示该位为 "0"。

5）分相-电平码 SPL（BI - L）。前半位为 A 电平，后半位为 B 电平表示该位为 "1"，前半位为 B 电平，后半位为 A 电平表示该位为 "0"。

（2）中频信号

在卫星应用中，对载波进行模拟调制（FM/PM）时，一般都先调制在 70 MHz 中频信号上，然后才经过上变频器，把载波频率变换到几 GHz 到几十 GHz 的射频信号。

（3）副载波和载波

载波是指被调制以传输信号的波形，一般为正弦波。要求载波的频率远远高于调制信号的带宽，否则会发生混叠，使传输信号失真。卫星副载波调制主要采用 PSK 或 FSK，属于数字调制。卫星载波调制主要是采用调频或调相（FM/PM）。

2.3.6　测控信号调制

从广义上说，一切信息的传输过程都可以看成是通信，一切完成消息传输任务的系统都可以看成是通信系统。

通信信号分为模拟信号和数字信号，因此在通信中也有模拟通信和数字通信两种系统。模拟通信系统是利用模拟信号来传递信息的系统，而数字通信系统则是利用数字信号来传递信息的系统。相比而言，数字通信具有一些突出的优点，包括：传输抗干扰能力强，易于进行加密处理，传输差错易于控制，便于利用现代数字信号处理技术对数字信息进行处理，可综合传递各种消息等，因此，数字通信系统应用越来越广泛，甚至出现了替代模拟通信系统的趋势。但是一般来说，数字通信的许多优点都是用比模拟通信占据更宽的传输频带而换取的，特别是在系统频带资源紧张的情况下，这一缺点显得更为突出。而在系统频带资源富余的情况下，数字通信几乎成了首选。

由于原始的电信号通常具有频率很低的频谱分量，一般不宜于直接在信道内传输，因此需要进行调制，即把携带有信息的信号调制到较高频率的载波上。根据信号、信道的特性，选择合适的调制方式，表2-7列出了常用的调制方式。为便于区别，把调制前的信号称为基带信号，把调制后的信号则称为频带信号。相应地，通信系统也可分为基带传输系统和频带（调制）传输系统。

为了扩大通信容量，需要设法在一个信道中同时传输多路信号，即"多路复用"，它是一种将若干个彼此独立的信号合并为一个可在同一信道上传输的复合信号的方法。复用的方法主要有三种：时分复用（TDM）、频分复用（FDM）和码分复用（CDM）。

（1）时分复用

时分复用是指在一个物理信道中，根据抽样定理通过脉冲调制等技术将多路径频谱重叠的信号分时在信道中传输的一种多路复用方式。因此在接收端可以利用适当的选通控制电路在各个时隙中挑选出各路用户的信号，然后再恢复成原来的信号。

（2）频分复用

频分多路复用是利用频率进行区分的。通常，信道提供的带宽比要传送信号所需要的带宽要宽。因此，为了充分利用信道的带宽，把各路用户信号调制在一组频率不同的载波上，形成多路复用信号，然后在一个信道中同时传输。接收端利用滤波器把各路信号分离，然后再恢复成原来的信号。

表 2 - 7　常用调制方式说明

载波调制	线性调制（幅度调制）	常规幅度带调制（AM）
		单边带调制（SSB）
		双边带调制（DSB）
		残留边带调制（VSB）
	非线性调制（角度调制）	频率调制（FM）
		相位调制（PM）
	数字调制	振幅键控（ASK）
		频移键控（FSK）
		相位键控（PSK、DPSK）
		其他高效数字调制（QAM、MSK 等）
脉冲调制	脉冲模拟调制	脉幅调制（PAM）
		脉宽调制（PWM）
		脉位调制（PPM）
	脉冲数字调制	脉冲编码调制（PCM）
		脉冲增量调制（DM 或 ΔM）
		差分脉冲编码调制（DPCM）
		其他编码方式（ADPCM）

（3）码分复用

多路信号复用调制通过利用一组正交函数作为副载波来实现的体制称为码分多路复用体制。在发送端，各路输入信号分别调制成某些正交函数序列，形成组合信号去调制载波；在接收端，经载波解调恢复出组合信号，各路信号再和对应的正交函数序列进行相关性解调，在该序列周期内积分便可获得各路信号。

由于具有频率较低的频谱分量，由消息直接转换的原始信号不适宜直接传输，必须先经过调制才可以在信道中传输，接收后再进行相应的解调操作。所谓调制，就是按原始信号的变化规律去改变载波信号的某些参数的过程。调制过程的目的是把输入信号变换为适合于通过信道传输的波形。

　　从功能上看，调制技术主要实现了以下三个功能：

　　1）频率变换。例如，将（0.3～3.4 kHz）有效带宽内的语音信号调制到高频段以利用无线传输方式进行传输。

　　2）提高抗干扰性。利用信号带宽和信噪比的互换性，提高通信系统的抗干扰性，调制系统的模型如图 2-9 所示。

　　3）实现信道复用。通过调制可以将多路信号互不干扰地安排在同一物理信道中传输。

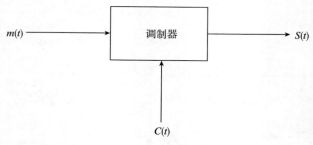

图 2-9　调制系统的模型

　　图 2-9 中，$m(t)$ 为源信号，通常用于调制载波的幅度、频率、相位等；$C(t)$ 为载波信号；$S(t)$ 为已调信号。

　　下面介绍遥测遥控通信信号系统中几种最常见的调制体制。

2.3.6.1　PCM 调制体制

　　脉冲编码调制（PCM）是把模拟信号的抽样量化值变换为代码的过程，由于它能够把模拟信号转化为数字信号，因此是实现模拟信号数字传输的主要方法之一。此外，差分脉冲编码调制（DPCM）、增量调制（ΔM）等也是应用非常广泛的模拟信号数字化编码方式。

　　典型的 PCM 数字时分多路系统，其工作原理为：输入的模拟信号经过低通滤波和抽样后形成抽样信号（PAM 信号），再对各路抽样信号按照一定的时间顺序依次进行量化和编码，形成 PCM 数字信号，最后将 PCM 信号变换成适合在某种信道内传输的码型发送出去。

　　与采用模拟传输系统相比，采用数字系统实现模拟信号的时分多路传输具有突出的优越性，主要表现在以下几方面：

　　1) 各路信号的顺序编排、采样周期等设置灵活，调整方便，因此系统的适应能力强，通用化程度高。

　　2) 由于数字信号的固有特点，使整个系统的精度高，抗干扰能力强。

　　3) 易于与计算机接口，能够充分发挥计算机软件的作用，利用有关算法改善系统的性能，提高数据处理和系统管理、控制的水平。

　　4) 由于数字技术和大规模集成技术的飞速发展，系统的体积、功耗、重量等大幅度下降，因此可实现小型化的系统。

　　PCM 体制已经成为实现模拟信号多路传输的主流技术途径，并将不断得到更加广泛的应用。

2.3.6.2　PSK 调制体制

　　副载波调制通常指的是 PSK 调制体制。二相相移键控（PSK 或 BPSK）的调制方式有两种：以未调副载波的相位作为基准的相位调制，称为绝对相移键控（工程上极少使用），记为 PSK；以副载波相位是否发生相对变化来表示码元 1（或 0），称为相对相移键控或差分相移键控，记为 BPSK。当码元为 1 时，载波相位发生 π 跃变，当码元为 0 时，载波相位不变，称为 1 差分相移键控。而当码元为 0 时，载波相位发生 π 跃变，当码元为 1 时，载波相位不变，称为 0 差分相移键控。

　　以 1 和 -1 来表示二元码的两个状态，则二元绝对移相 PSK 信号的第 n 码元的二进制数 a_n 与波形 $a_n(t)$ 的对应关系可以表示为

$$a_n(t) = \begin{cases} A\cos(\omega_c t) & a_n = 1 \\ A\cos(\omega_c t + \pi) & a_n = 0 \end{cases} \qquad (2-6)$$

二元 PCM 比特流为

$$B_{PCM}(t) = \sum_{n=0}^{N} a_n g(t - nT_b) \qquad (2-7)$$

二元绝对移相 BPSK 信号可表示为

$$S_{PSK}(t) = A \cdot \cos(\omega_c t) \cdot \sum_{n=0}^{N} a_n g(t - nT_b) \qquad (2-8)$$

式中，a_n 表示比特序列中的第 n 个二进制比特位，取值为 1 或 -1；$g(t)$ 的幅度为 1，宽度为 T_b，其中心位置在时间轴原点的矩形脉冲。PSK 信号的典型波形如图 2-10 所示。

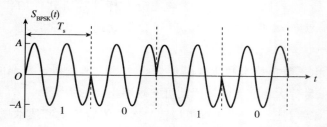

图 2-10　PSK 信号的典型波形

对于 1 与 -1 均匀分布的随机 PCM 比特流，二元 PSK 的功率谱密度可表示为

$$W_{PSK}(\omega) = A^2 T_b \left[\frac{\sin(\omega - \omega_c)\dfrac{T_b}{2}}{(\omega - \omega_c)\dfrac{T_b}{2}} \right]^2 \qquad (2-9)$$

式中　T_b——数字信号的码元宽度；

　　　ω_c——载波角频率。

可以看出，PSK 的功率谱是双极性二进制不归零码功率谱在频域上的直接搬移。PSK 信号相干调制的基本原理如图 2-11 所示。

2.3.6.3　FM/PM 调制体制

载波调制通常指的是 FM/PM 调制体制。在测距方面，FM/PM 体制虽然比原 PM/PM 体制精度有所下降，但仍可满足卫星轨道测量的要求。而载波调制体制的这一改变使星载应答机大为简化，可

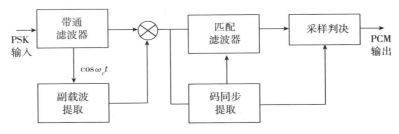

图 2-11　PSK 相干调制原理图

靠性大大提高，用一个对 FM 信号进行解调的鉴频器代替了原来的对 PM 信号解调的锁相接收机，使星载设备简化。

若载波是一个正弦波，它可表示为

$$S(t) = A_c \cos[\omega_c t + \varphi_0(t)] = A_c \cos\varphi(t) \qquad (2-10)$$

当载波的振幅 A_c 不变，而相角 $\varphi(t)$ 随信息而变化时，则称角度调制或简称调角。式（2-10）所表示的正弦波的瞬时频率为

$$\omega_i = \frac{\mathrm{d}\varphi(t)}{\mathrm{d}t} = \omega_c + \frac{\mathrm{d}\varphi(t)}{\mathrm{d}t} \qquad (2-11)$$

若载波的瞬时频率与信息成正比，则称为频率调制或调频。记为 FM，即

$$\omega_i = \frac{\mathrm{d}\varphi(t)}{\mathrm{d}t} = \omega_c + k f(t) \qquad (2-12)$$

式中，k 为比例常数。

根据式（2-12），可以改写成

$$\varphi(t) = \int \omega_i \mathrm{d}t = \omega_c t + k \int f(t) \mathrm{d}t + \theta_0 \qquad (2-13)$$

若信号为 $f(t) = a\cos\Omega t$，进行调频时，调频波的瞬时角频率为

$$\omega_i = \omega_c + k a \cos\Omega t = \omega_c + \Delta\omega \cos\Omega t \qquad (2-14)$$

式中，$\Delta\omega = ka$ 称为最大频偏，它取决于信号幅度 a 和调制器的特性常数 k。

把式（2-14）代入式（2-13），得到

$$\varphi(t) = \omega_c t + \frac{\Delta\omega}{\Omega}\sin\Omega t + \theta_0 = \omega_c t + m_f \sin\Omega t + \theta_0 \qquad (2-15)$$

式中，调频指数 $m_f = \dfrac{\Delta\omega}{\Omega}$ 代表最大频偏与信号频率之比。

取调频波的初始相位 θ_0 为零，将式（2-15）代入式（2-10），就可得到调频波的表示式

$$S(t) = A_c\cos(\omega_c t + m_f\sin\Omega t) \qquad (2-16)$$

由于调频波不改变载波的幅度，因而已调波的功率与未调载波的功率相等。

已调载波的平均功率为

$$P_t = \overline{S^2(t)} = \frac{1}{T}\int_0^T S^2(t)\mathrm{d}t = \frac{A_c^2}{T}\int_0^T \cos^2(\omega_c t + m_f\sin\Omega t)\mathrm{d}t$$

$$\qquad (2-17)$$

其中 $T = \dfrac{2\pi}{\Omega}$，上式可改写为

$$P_t = \frac{A_c^2}{T}\int_0^T \frac{1 + \cos^2(\omega_c t + m_f\sin\Omega t)}{2}\mathrm{d}t = \frac{A_c^2}{2} \qquad (2-18)$$

2.3.6.4　扩频调制体制

扩频通信是扩展频谱通信的简称，具体来说指待传送的信息数据通过伪随机码（扩频序列）调制，实现频谱扩展后再传输；接收到信号后则采用同样的伪随机码序列进行解调及相关解扩处理，恢复出原始信息数据。显然，扩频通信是一种扩展频谱后的宽带通信，与一般常见的窄带通信有明显的区别，接收端需进行相关处理才能将原始窄带信号恢复并解调出信息数据。因此，它具有信号相关处理和伪随机编码调制两大特点。

扩频调制（码分制调制）是用原始数据信息去调制扩频函数，使原始数据信息的频带被扩展，其占用的带宽远远大于该原始信号所需的最小带宽。在接收端利用相应手段获取传输的信息。扩频带宽是待传信息带宽的几十倍至几万倍，所以调制信号的带宽主要由扩频函数来决定，信息已经不再是决定调制信号带宽的重要因素。

频率扩展是将信号在频域上展宽，而时间扩展则是将信号在时域上展宽。频谱扩展的方式主要有以下几种：

1）直接序列扩频（DS），使用伪随机码对要传输的低速数据进行扩频调制。

2）跳频扩频（FH），利用伪随机码控制载波频率在一个更宽的频带内变化。

3）线性调频（Chirp），频率扩展是一个线性变化的过程。

4）跳时扩频（TH），数据的传输时隙是伪随机的。

其中，直接序列扩频（DS）和跳频扩频（FH）是最为常用的扩频技术。

在扩频调制中最常用的是直接伪随机序列调制系统，它利用伪随机码（PN 码）序列作为扩频函数，其原理如图 2-12 所示。

在发送端，数据 $d(t)$ 与伪随机码序列 $p(t)$ 相乘，实现扩频调制，然后与载波 $\cos\omega_0 t$ 相乘，完成载波调制。在接收端，收到信号 $s(t)$ 后与本地相干载波（与接收到的载波同频同相）$\cos\omega_0 t$ 以及本地产生的与发送端同步的伪随机码序列 $p(t)$ 相乘，然后在数据 $d(t)$ 的码元宽度内积分并判决，恢复出数据码元。

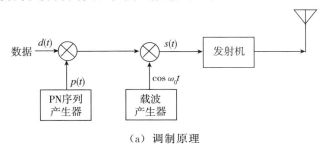

（a）调制原理

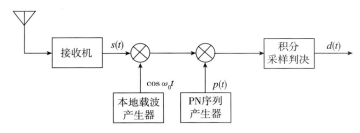

（b）解调原理

图 2-12　扩频调制和解调原理框图

2.3.7　数字传输系统技术特性

数字传输系统的数据传输速率、占用频带宽度和传输差错率是衡量数字传输系统性能的重要技术特性。

（1）传输速率

传输速率是衡量系统传输能力的主要指标，它有以下几种不同的定义。

1）信息传输速率：每秒钟通过信道传输的信息量称为信息传输速率，单位是比特/秒，简称比特率。

2）符号传输速率：携带数据信息的信号单元称为符号，也称码元。每秒钟通过信道传输的符号数称为符号传输速率，单位是波特/秒，简称波特率。符号传输速率与信息传输速率具有不同的定义，不应混淆。

3）数据传输速率：每秒钟从数据源发出的数据比特数（或字节数）称为数据传输速率，单位是比特/秒，简称数据率。

在信息论里，比特为衡量消息不定度的度量单位，并不与传输系统实际传送的二进制码元数等价。对于 M 进制来说，若 M 个可能的取值是等概率分布的，则每一符号的信息量为 $\log_2 M$ bit。只有对 0 和 1 等概率分布的二进制系统来说，符号传输速率与比特传输速率在数值上才是相等的。

（2）占用频带宽度

调制的重要作用之一是使发送信号的频谱与信道的频带宽度相匹配，以提高数据传输的有效性以及数据在传输过程中的抗干扰能力。对于一定的数字数据传输速率，不同数字调制体制所需要的频带宽度不同，即具有不同的频带利用效率。

（3）传输差错率

传输差错率是衡量系统传输质量的重要指标之一。

1）比特差错率：指在传输的比特总数中发生差错的比特数所占的比例（平均值）。

2）码组差错率：指在传输的码组总数中发生差错的码组数所占的比例（平均值）。

3）符号差错率：指在传输的符号总数中发生差错的符号数所占的比例（平均值），简称误码率。

传输系统设计的主要目标是尽可能地抑制噪声，减小系统传输中的比特差错率。在卫星遥测和遥控数据传输中，允许的比特差错率约为 $10^{-4} \sim 10^{-6}$。与传输系统信道条件和外来干扰特性有关，比特差错有突发性的连贯性差错，也有偶发性的随机差错。二者都可以通过采取有效的信道编码措施或适当的系统设计，使之降低到可以忽略不计的程度。

2.3.8　分包遥测和分包遥控

CCSDS 是空间数据系统咨询委员会（Consultative Committee for Space Data Systems）的缩写，是世界各空间组织为了相互支持而建立的技术协商性机构。CCSDS 标准不仅为实现开放互连的国际空间数据系统网点制定了技术基础，同时反映了世界空间数据系统的最新技术发展动态。其中分包遥测和分包遥控便是 CCSDS 主要研究的内容之一。

空间高性能微处理器的出现，使新的遥测遥控数据流的传递方法成为可能。这种新方法允许航天任务期间实施更高程度的标准化。基于 CCSDS 的分包遥测和分包遥控的标准格式和协议，可以提高遥测遥控数据传递过程中的自动化和互操作水平。

这两种分包概念包括：

1）提供标准化机理，由它将遥测遥控信息包多路复用，符合相应的传输协议，以便通过星地链路传递；

2）将遥测遥控数据包装成为标准格式的自主数据集，这种包可在星地链路间自动而独立地传递。

卫星产生的遥测数据，被编排成标准的遥测包。卫星处理器把收集来的多个遥测包组合成一条数据流，作为标准定长帧的内容发送到地面。地面处理器收集这些帧，提取每个遥测包，然后再送往相应用户。

用户产生控制数据，发送到卫星，每个用户将控制数据排成标准的遥控包。地面处理器将用户传送来的多个遥控包复用成一条数据流，作为标准的可变长度的指令内容发往卫星。卫星处理器收集这些指令，提取每一个指令包，然后分发到相应的执行机构。

2.3.8.1　分包遥测遥控的分层结构

分包遥测和分包遥控体制采用分层结构，如图 2 - 13 所示。

1）物理层。物理层规定了上下行信道所选用的射频频率、信道参数和调制方式等，为星地之间提供上下行信道。

2）信道编码层。信道编码层的主要功能是上下行数据的随机化处理和以降低信道传输误码率为目的的信道编码。

3）传送层和分段层。传送层和分段层可以称为分包遥测遥控体制的核心。在这两层中分包遥测需完成将虚拟信道多路复用到单一物理信道的操作；分包遥控需完成对虚拟信道（VC）和寻址接收点（MAP）的调度、多路复用，以及遥控传输帧的相应操作，同时与遥测配合通过遥控信道控制字（CLCW）完成命令操作规程（COP）。在分包遥测中分段层已被取消，而分包遥控中有时可根据需要将分段层旁路。

4）分包层。分包层完成遥测遥控数据源包的产生和恢复，以及相关的操作。

5）系统管理层。

6）应用过程层。

2.3.8.2　分包遥测的数据结构

分包遥测中定义了两种数据结构，即源包和传送帧。源包包含了待传送到地面的航天器的遥测数据。源包依次由主导头和数据域两部分组成。源包主导头用于数据源包识别和格式控制，长 6 字节，主导头各参数域的意义如下：

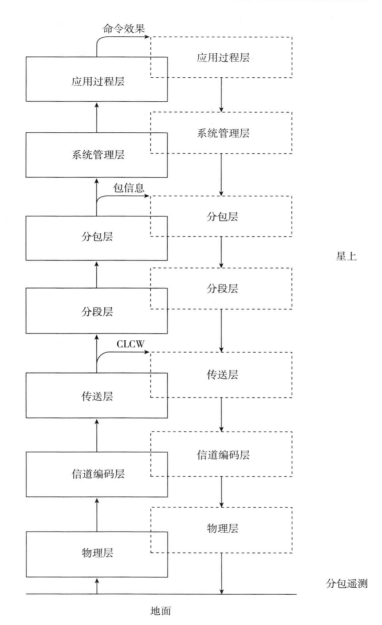

图 2 - 13　分包遥测遥控的分层结构

1）版本号（Version ♯，3 bit）。

2）源包类型（Type，1 bit）：用于区分遥控源包和遥测源包。对于遥测源包，该位为 0，对于遥控源包，该位为 1。

3）副导头标志（Sec. Hdr. Flag，1 bit）：指示副导头存在（该位为 1）与否（该位为 0）。

4）应用过程标识（Applic. Process ID，11 bit）：用于标识使用该数据源包的应用过程。

5）包序列标志（Sequence Flags，2 bit）：用于表示包的序列特性。即：00，位于连续包序列中间的包；01，连续包序列的第一个包；10，连续包序列的最后一个包；11，单个的包。

6）序列计数（Sequence Count，14 bit）：提供了对数据源包命名的机制。

7）包长度（Packet Lenth，16 bit）：其值为包数据域（如果有副导头则包含副导头）长度的字节数减 1。包数据域的最大长度为 65536 字节。

8）副导头：用来装载卫星时间码或包格式等辅助数据。

传送帧如图 2 - 14 所示。为了在有噪声的星地信道传送分包数据，传送帧提供了一个包封装服务。对一个给定的物理信道的特定任务阶段，传送帧的长度是固定的。以不同速率产生的不同长度的源包可以多路到一个固定长度编码的传送帧同步流上，用以向地面可靠地传送。传送帧主导头提供必要的标识以允许可变长度的源包多路成一个固定长度的序列，短包可包含在单帧内，而长包可以跨越两个或更多的帧。操作控制域可用于提供遥控或其他卫星操作的状态。

图 2 - 14　分包遥测传送帧

2.3.8.3 分包遥控的数据结构

分包遥控的数据结构主要有数据源包（Packet）、段（Segment）、传送帧（Frame）和命令链路传输单元（CLTU），其相互间的关系如图2-15所示。

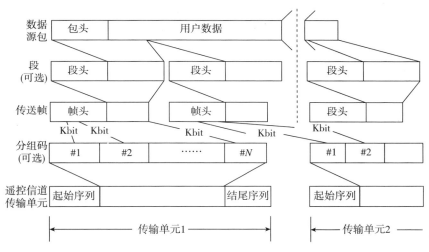

图2-15 分包遥控的数据结构

段是分段层的标准数据结构，如图2-16所示。

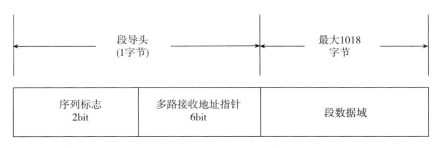

图2-16 段数据结构

段由段导头和段数据域组成。段导头长1字节，其各参数域的含义是：

1）序列标志（Sequence Flags，2 bit）：00，运载同一个包的连续多个段中间的段；01，运载同一个包的连续多个段的第一个段；10，运载同一个包的连续多个段的最后一个段；11，不分段。

2）多路接收地址指针（Multiplexer Access Point ID，6 bit）：标识该段可寻址的接收点。当一个虚拟信道只包含一个应用过程且其所有的源包长度均不超过遥控传送帧数据域的最大长度（1019 字节）时，段导头可以省略。

传送帧由帧导头（Frame Header）、帧数据域（Frame Data Field）和帧差错控制码（Frame Error Control，可选）组成，如图 2-17 所示。

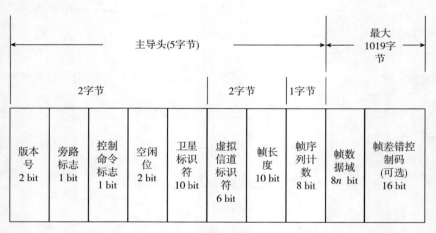

图 2-17　遥控传送帧数据结构

帧导头各参数域的含义如下：

1）版本号（Version Number，2 bit）。

2）旁路标志（Bypass Flag，1 bit）：用于控制卫星对"帧接收校验"过程的使用。当该位置"1"时，只进行帧有效性检验。

3）控制命令标志（Control Command Flag，1 bit）：当该位置"1"时，该传送帧运送的是用于控制传输过程的"控制命令"，否则该传送帧运送的是用户数据。

4）卫星标识符（Space Craft ID，10 bit）：对应每一个卫星分配的标识符。

5）虚拟信道标识符（Virtual Channel ID，6 bit）：用于区分该帧所属的虚拟信道。

6）帧长度（Frame lenth，10 bit）：其值为传送帧总字节数（含帧导头）减 1。

7）帧序列计数（Frame Sequence Number，8 bit）：为传送帧提供一个模 256 的向上数的二进制计数。各虚拟信道的帧计数是相互独立的。

8）帧差错控制域提供 16 bit CRC 校验。

遥控信道传输单元由起始序列、若干遥控码块和结尾序列组成，如图 2-18 所示。起始序列用于同步，长 16 bit，为：

1110 1011 1001 0000

　E　　B　　9　　0

结尾序列用于停止接收译码器的工作。结尾序列与码块长度相同，当码块长 64 bit 时，结尾序列为：

1100 0101 1100 0101 1100 0101 1100 0101 1100 0101 1100 0101 1100 0101 0111 1001

C　5　C　5　C　5　C　5　C　5　C　5　C　5　7　9

图 2-18　遥控信道传输单元

2.4　通信卫星星载数据管理分系统介绍

电子技术、计算机技术的发展，形成了星载数据管理分系统（简称"数管分系统"）。数管分系统实现了卫星的程控功能和星载自主功能，增强了卫星的生存能力，使卫星具有在轨飞行自治能力和在轨可维护能力，从而极大地提高了卫星测控系统的功能，为卫星实现一系列重大突破提供了重要的支持。目前在通信卫星领域，数管分系统已经广泛应用到基于东方红四号平台开发的卫星及后续平台卫星的研发工作中。

数管分系统由星载数据总线将星载计算机系统连在一起，不仅能实现信息交换，还能完成交互支持，不但有利于实施卫星的测控管理，而且可实现卫星的在轨管理和维护，如卫星早期的在轨测试，正常运行阶段的管理和维护，其中包括运行状态的监测与控制，故障的诊断与排除，分系统、部件的切换控制与重构，以及飞行软件的修改、维护、更新等。总之，数管分系统是卫星系统测控的中枢，是星载测控信息的集散地、处理和控制中心，又是星地测控信息传送的必经之路和中转站。

数管分系统的体系结构取决于卫星的复杂程度、飞行任务、运行轨道、设计寿命、生存能力要求、对测控的功能和性能要求、对其他分系统支持的要求等多方面因素。设计约束包括设计寿命以及由此所确定的抗辐射、可靠性和安全性要求，卫星总体分配给数管分系统的体积、重量、功耗，对卫星总线的约束，编程约束等。上述要求确定了数管分系统的规模和复杂程度。

数管分系统主要是向不具有处理功能或处理功能不足的其他分系统提供数据处理能力。由于数管分系统集中了星载大部分的测控信息，还具有接收来自地面站注入数据的能力，所以进行运算、处理均很便捷。数管分系统数据处理方法一般预先设置好，包括参数、数据结构、数据格式、判断准则和算法等，卫星在轨运行时还可以由地面站通过注入数据的方式进行更改。数据处理的结果有的提供给卫星在轨运行使用，有的经遥测信道传送到地面站，用作辅助数据。

数管分系统由控制整个数管分系统运行的中央单元，作为用户界面的各类远置单元和连接中央单元、远置单元等终端的数据总线（如 1553B 总线）以及控制整个数管分系统运行的软件所构成。卫星数管分系统原理框图如图 2 - 19 所示。

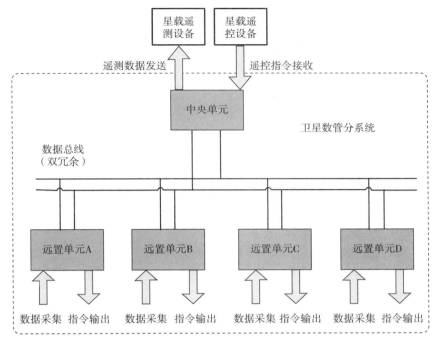

图 2 - 19   卫星数管分系统原理框图

卫星所获取的信息来自本卫星、其他卫星和地面站，主要的手段是下行遥测和上行遥控；通过对这些信息的获取、处理、存储、传送和分配，更好地实现对卫星的测控。航天电子综合化技术将卫星的遥测、遥控、程控、自主控制和管理等功能综合在一个以微处理机为主的系统中，通过星载数据总线（如 1553B 总线）将星载计算机连接起来，从而实现了对卫星信息最大限度的集中和统一管理，简化了许多不必要的操作，又能支持星载闭环自主控制，增强卫星的自主能力；通过计算机间信息的交换实现了功能综合，还对实现测控功能的硬件、软件、接口等，从系统、部件、电路甚至到器件各个方面进行综合设计，做到资源共享，避免重复的冗余备份设计，并尽可能多地实现交互支持。

卫星电子综合化技术所构成的分布式系统，具有模块性、并行性和自治性，将卫星的数据采集、数据处理和指令分配的能力分配到多个分散配置的模块，甚至是不同的分系统、有效载荷和科学仪器中去实现，便于实现分布式处理和故障隔离，有助于提高卫星的可靠性和支持卫星自治运行，又规范了接口、数据传输、软件并简化了测试工作，利于模块化设计，能方便地进行功能扩充和重新配置，同时具备适应不同卫星间需求有变化的特点。

2.4.1　遥测通道

卫星数管分系统通过远置单元采集各类遥测信号，并将数管分系统及其他分系统内部软件生成的遥测信号组合在一起，通过遥测通道接口传输至星载遥测设备。

数管分系统采集遥测信号的通道分为两类：

1）硬通道（Hardware Channel，HC），数管分系统远置单元用于采集遥测信号的输入通道。

2）软通道（Software Channel，SC），由数管分系统中央单元、远置单元和其他分系统的软件生成的遥测数据，这些数据不经远置单元的输入通道采集，它们经总线传送到中央单元，由遥测信道传送。

遥测通道接口普遍采用多路时分制进行采集，包括多路开关、信号输入级和编码器。遥测通道接口是数管分系统远置单元和卫星各分系统遥测信号之间的电气接口。

多路开关在每一时刻仅接通一路遥测信号源至编码器，为了确保测试精度，信号采集端应为高输入阻抗，遥测信号根据其信号源的不同，分为单端模拟信号、双端模拟信号（热敏电阻信号是这类通道的特例）、双电平数字信号、串行 8～32 位数字信号和标时信号。

2.4.2　遥控通道

数管遥控指令发送模块包括数管分系统中央单元、远置单元和卫星各分系统指令用户间的电气接口，分为两类。

1）开/关指令通道（ON/OFF）。这类指令在一个固定的时间间隔内，接通用户继电器回路，向继电器线包提供电流脉冲而令其动作，用于驱动继电器负载（或是光电耦合器负载）。这类指令用以接通或断开卫星各分系统的设备，进行供配电或其他开关机控制、切换和重组控制等。

由远置单元输出的为间接指令，这类指令由地面站发送上行遥控数据块携带，需经星载遥控设备检验，确认正确后传送到中央单元验证、处理，最后传送到远置单元，由其输出到用户。间接指令可以实时，也可以延时输出。此外，程控指令、卫星自主控制指令也是由远置单元发送到用户的。直接指令由星载遥控设备、指令译码单元输出，这类指令是对上行遥控指令直接译码产生的，和数管分系统计算机无关，所以更加可靠和实时，在国内外开发的测控分系统中均设有这种指令。

2）8 Nbit 串行加载指令通道。当一个分系统需使用数个开/关指令时，考虑到功能、性能的兼容性、可靠性以及减少电缆，采用传送串行加载指令代替传送数个开/关指令往往更可取，用于从远置单元向卫星各分系统串行传输 8 Nbit 数据字（$N = 1$，2，3，4，…）。这类指令由地面站发送上行遥控数据块携带，也可以是星上产生的；这类指令由用户分系统实时地译码为可执行的指令，立即执行或先存储，供以后使用。8 Nbit 串行加载指令还用于向卫星各分系统传送数据，如上行数据、辅助数据以及计算机程序等。

2.4.3　数据总线与接口

卫星数管分系统大多采用总线结构，利用数据总线或计算机网络将系统各部件连接起来，实现相互间的信息交换。显然，数据总线或网络是数管分系统中非常关键的接口。目前数管分系统主要采用的数据总线是 MIL - STD - 1553B 总线。

串行接口（Serial Interface）是指数据一位位地顺序传送，其特点是通信线路简单，只要一对传输线就可以实现双向通信，从而大大减少成本，适用于远距离通信，但传送速度较慢。根据信息的传送方向，串行通信可以进一步分为单工、半双工和全双工三种。串口通信的两种最基本的方式包括同步串行通信方式和异步串行通信方式。串行接口按电气标准及协议来分类，包括 RS232、RS422、RS485 等，RS232、RS422 与 RS485 标准只对接口的电气特性做出规定，不涉及接插件、电缆或协议。

国内部分卫星的数管分系统采用 CSB（C - Serial Bus）总线来控制星上载荷设备，CSB 总线是一种低速同步 CSB 总线，一条总线可以提供 31 个终端设备的接入能力，总线采用 TTL 电平标准，单端传输，总线具备冗余设计（包含主备份）。

2.4.3.1　MIL - STD - 1553B 总线

MIL - STD - 1553B（Aircraft Internal Time Division Command/Response Multiplex Data Bus）总线标准是美国国防部 1978 年颁布的，它是在 MIL - STD - 1553（1973 年），MIL - STD - 1553A（1975 年）的基础上制定的。由于 MIL - STD - 1553B 总线接口装置已做成超大规模芯片或已采用专用集成电路，MIL - STD - 1553B 总线标准也扩展应用到卫星，由 JPL 开发的 Unified Data System（UDS）、国际空间站等都采用了 MIL - STD - 1553B 总线。

我国在 1987 年发布了关于 MIL - STD - 1553B 总线的标准。卫星数管分系统采用了符合国家相关标准的 1553B 总线产品，支持数管分系统内部以及与其他分系统之间的通信。它由总线接口单元、屏蔽双绞电缆和总线开关组成。中央单元的总线接口单元在中央单元软件的控制下，可以工作在 BC 方式、MT 方式或 RT 方式；其他终端的总线接口单元由于采用的芯片不同，它只能工作在 RT 方式。1553B 总线的基本功能是由中央单元控制，完成数管分系统各终端间的双向数据通信、中央单元的时间基准广播和命令广播，实现数管分系统和其他分系统间的通信。

此外，数管分系统也使用其他的数据总线标准，比如 RS232 总线、RS422 总线、RS485 总线、CAN 总线、MIL‐STD‐1773 总线和 IEEE1394 总线等。后两种总线的特点都是具有很高的速率，MIL‐STD‐1773 总线速率为 $10 \sim 100$ Mbit/s，IEEE1394 总线速率可设置的范围为 $25 \sim 400$ Mbit/s。

2.4.3.2　RS 系列串行总线

RS 系列串行总线标准是国际电子工业协会（EIA）推荐的标准，主要应用于通信的电话网络。后来引入计算机领域，应用广泛，有专用芯片支持。RS 系列定义了机械、电气和功能特性接口三要素，下面分别介绍最常用的三种 RS 串行总线：RS232、RS422、RS485。

（1）RS232 串口

RS232 是最常用的一种串行通信接口。它是在 1970 年由美国电子工业协会联合贝尔系统、调制解调器厂家及计算机终端生产厂家共同制定的用于串行通信的标准，全称为"数据终端设备（DTE）和数据通信设备（DCE）之间串行二进制数据交换接口技术标准"。

RS232 采用不平衡传输方式，即单端通信。由于其发送电平与接收电平的差仅为 $2 \sim 3$ V，所以其共模抑制能力差，再加上双绞线上的分布电容，其传送距离最大约为 70 m，最高速度为 20 Kbit/s。RS232 是为点对点（即只用一对收、发设备）通信而设计的，其驱动负载为 $3 \sim 7$ kΩ。所以 RS232 适合本地设备之间的通信。

（2）RS422 串口

RS422 标准的全称为平衡电压数字接口电路的电气特性，它定义了接口电路的特性。典型的 RS422 是四线接口，另外还有一根信号地线，共五根线。由于接收器采用高输入阻抗，且发送驱动器比 RS232 具有更强的驱动能力，故允许在相同传输线上连接多个接收点，最多可接 10 个节点。即一个主设备（Master），其余为从设备（Slave），从设备之间不能通信，所以 RS422 支持点对多的双向通信。RS422 四线接口由于采用单独的发送和接收通道，因此不必控制数据方向，各装置之间任何必须的信号交换均可以按软件方式（XON/XOFF 握手）或硬件方式（一对单独的双绞线）实现。

RS422 的最大传输距离为 1 200 m，最大传输速度为 10 Mbit/s。其平衡双绞线的长度与传输速率成反比，在 100 Kbit/s 速率以下，才可能达到最大传输距离。只有在很短的距离下才能获得最高速率传输。一般 100 m 长的双绞线上所能获得的最大传输速度仅为 1 Mbit/s。

（3）RS485 串口

RS485 是在 RS422 基础上发展而来的，所以 RS485 许多电气规定与 RS422 相似。RS485 可以采用二线与四线方式，二线制可以实现真正的多点双向通信，而采用四线连接时，与 RS422 一样只能实现点对多的通信，即只能有一个主设备，其余为从设备。RS485 比 RS422 有改进，无论四线还是二线连接方式总线上最多可接 32 个设备。RS485 与 RS422 的不同点还在于其共模输出电压是不同的，RS485 是 $-7 \sim +12$ V 之间，而 RS422 在 $-7 \sim +7$ V 之间，RS485 接收器的最小输入阻抗为 12 kΩ，RS422 是 4 kΩ；由于 RS485 满足所有RS422 的规范，所以 RS485 的驱动器可以应用在 RS422 网络中。

RS232、RS422、RS485 串行总线性能对比，见表 2-8。

表 2-8　RS232、RS422、RS485 串行总线性能对比表

性能 \ 接口	RS-232C	RS-422A	RS-485
操作方式	单端	双端	双端
最大电缆距离/m	15	1 200	1 200
最大传输速率	20 Kbit/s	10 Mbit/s	10 Mbit/s
驱动器空载输出电压/V	±25	±5	±5
驱动器带载输出电压/V	±5～±15	±2	±1.5

续表

接口 性能	RS－232C	RS－422A	RS－485
驱动器静态输出阻抗	$R_0 = 300\ \Omega$	在$+6\ V$到$-0.5V$ 之间为 $100\ \Omega$	在$-7\ V$到$+12\ V$ 之间为 $100\ \Omega$
驱动器输出电流/mA	±500	±500	±500
接收器输入阻抗/kΩ	3～7	＞4	＞4
接收器输入阈值/V	3～－3	0.2～－0.2	0.2～－0.2
接收器输入电压范围/V	－15～＋25	－12～＋12	－12～＋12
连接接收器数/台	1	10	32

2.4.3.3　CSB 总线

CSB 是一种同步串行总线，一条总线可以提供 31 个终端设备的接入能力。该总线共定义了 5 个信号：命令使能信号（Sample ＿ CMD）、遥测使能信号（Sample ＿ ACQ）、时钟信号（Clock）、命令数据信号（Command ＿ Data）、遥测数据信号（Telemetry ＿ Data）。其中，命令数据、遥测数据传输共用时钟信号，工作频率范围为 1～16.7 kHz。

（1）总线电缆

用户数量：1～31 个终端，采用菊花链的方式连接。

电缆类型：每根电缆用单独的屏蔽线。

总线分叉点长度：小于 0.3 m（从总线连接处到终端输入电路）。

（2）总线电气特性

① 源端（BC 或 RT）

最大输出电压幅值：5 V；

最小输出电压幅值：0 V。

总线控制器：

• 传输电平类型：TTL 电平；

- 支持终端数量：最多 31 个；
- 逻辑"1"对应的电平为 2.4～5 V；
- 逻辑"0"对应的电平＜0.8 V。

当设备初始化时，发送端的输出电平为逻辑"1"（三态）。

用户终端：

- 传输电平类型：TTL 电平；
- 逻辑"1"：三态或关闭状态；
- 逻辑"0"：电平＜0.8 V；
- 输出电容＜20 pF。

当设备初始化时，发送端的输出电平为逻辑"1"（三态）。

② 接收端（BC 或 RT）

接收电平类型：TTL 电平；

逻辑"1"：大于 2.4 V，小于 5 V；

逻辑"0"：电平＜0.8 V；

输入阻抗：R_{in}＞50 kΩ（每根输入电缆，不包含 BC 端的上拉电阻）；

输入电容：C_{in}＜40 pF；

抗噪声特性：允许输入的最大噪声容限为±0.3 V；

输入电压范围：−0.3～+8 V；

输入滤波器：输入信号滤波器为低通滤波器，截止频率 f_c 的范围为：40 kHz＜f_c＜100 kHz。

（3）总线输出命令时序

总线命令输出，由总线的主控端发起，有三个信号参与。总线工作状态为：主控端输出命令信息，命令信息共 16 bit，时序关系与时间定义分别如图 2-20 与表 2-9 所示。

（4）总线读入数据时序

总线读入数据操作，由总线的主控端发起。总线工作状态为：主控端读入数据，读入数据信息共 16 bit，时序关系与时间定义分别如图 2-21 与表 2-10 所示。

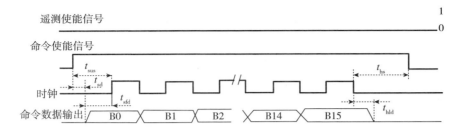

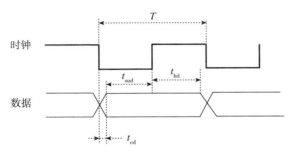

图 2 - 20　主控端输出命令数据时序关系图

表 2 - 9　主控端输出命令时序关系时间定义表　（单位：μs）

标识	总线控制器			用户终端		
	最小值	最大值	类型	最小值	最大值	类型
T	60	1 000	Tr			
t_{sus}	420	2 500	Tr	400	2 520	R
t_{hs}	45	240	Tr	30	260	R
t_{sud}	NA	NA	Tr	10	$1.05 \times T/2$	R
t_{sfd}	NA	NA	Tr	10	1 000	R
t_{hd}	25	NA	Tr	20	$1.05 \times T/2$	R
t_{hld}	-5	40	Tr	-10	60	R
t_{cd}	-5	10	Tr	NA	NA	R
t_{sd}	0	100	Tr	NA	NA	R
DC	45% min	55% max	Tr	NA	NA	R

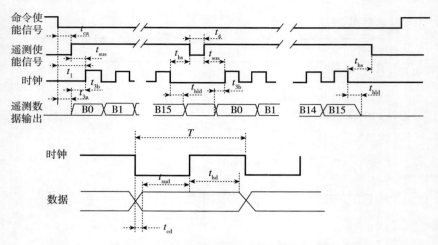

图 2-21　主控端读入遥测数据时序关系图

表 2-10　主控端读入遥测数据时序关系时间定义表（单位：μs）

标识	总线控制器			用户终端		
	最小值	最大值	类型	最小值	最大值	类型
T	60	1 000	Tr			
t_1	2 000	3 500	Tr	2 000	3 510	R
t_{sus}	420	2 500	Tr	400	2 520	R
t_{3a}	NA	NA	R	0	2 300	Tr
t_{3b}	10	2 000	R	NA	NA	Tr
t_4	1 950	2 300	Tr	2 000	2 350	R
t_{hld}	−5	+40	R	0	T/2	Tr
t_{hs}	45	240	Tr	30	260	R
t_{sud}	10	—	R	20	NA	Tr
t_{hd}	10	—	R	20	NA	Tr
t_{cd}	NA	NA	R	0	5	Tr
t_{ca}	300	2 500	R	NA	NA	Tr
DC	45% min	55% max	Tr	NA	NA	R

2.4.4　星载时间

卫星时间支持遥测的采集和延时命令的执行，也支持姿态控制和其他分系统的运行。

卫星时间采用世界时，重要技术指标为时间精度和稳定度，根据技术指标确定获得时间的方法（北斗授时、计算机计数器计时、硬件时钟计时）以及采用的校时方案，时间精度要求越高，对硬件的要求越高。

卫星时间设计的难题是在卫星整个寿命期间（几年到十几年）长期保持高的时间精度。除了采用高稳定度的晶体振荡器作为钟源，必要时还需进行"校时"，即根据地面站标准时进行校正。均匀校时是在两次集中校时之间，由数管分系统定期地自行校正卫星时钟，一般是在一个给定的"时间间隔"内，自动将卫星时间拨快或拨慢单位时间，这一"时间间隔"是根据前次集中校时结果预测的，其运算可由地面站或是卫星自行实施。集中校时是在卫星飞经地面站上空时，地面站根据接收到的"卫星时间"计算出卫星和地面站的时间差，将差值注入到卫星，由数管分系统一次执行"拨表"。

2.4.5　星载数管软件

软件是计算机系统中与硬件相互依存的另一部分，包括程序、数据和相关的文档。

卫星飞行软件是实时、嵌入式软件，多数是安全关键性软件，有着高可靠性和高安全性的要求。在软件设计中起决定意义的因素包括：飞行软件的复杂性，需求和设计更改，资源限制，软件过程管理和开发的技术、工具和方法。降低飞行软件的成本和风险的关键在于：尽可能多地使用已经过飞行试验验证过的软件，以及设计出可修改维护的飞行软件，同时对于星载计算机内存和吞吐能力要留有足够的裕度。

卫星数管分系统的功能和性能是由其硬件和软件共同实现的。数管分系统软件应具有高度的自治性和灵活性，不但能充分发挥星载硬件的作用，确保数管分系统的功能和性能指标，还能在某些不利的条件下，尽可能地保证卫星的正常运行。卫星在轨飞行后仍可由地面站采用上行注入的手段实施对系统的重组和更改飞行软件。

数管分系统软件分为中央单元运行的管理软件和多个远置单元运行的执行软件。中央单元运行的管理软件又至少分为两层，即操作系统和应用软件。星载数管分系统软件一般采用实时多任务操作系统支持多进程运行的并行软件结构，软件在分布式计算机系统的多台计算机中运行，采用分层结构和模块化设计。

数管分系统的操作系统是应用软件和硬件接口的基础软件，能"实时""并行"地处理多个任务，其特点是响应的实时性和支持多任务运行，能满足卫星实现"实时多任务"的测控需求。操作系统软件管理中央单元的各种资源，控制不同任务的资源分配，其基本的功能包括：任务调度、时间管理、内存管理、输入输出端口管理、设备管理、通信管理、计算机系统的自测试、自诊断以及冗余和容错管理等；采用模块化设计，例如包括系统初始化模块，输入输出端口管理和驱动模块，计算机系统自测试、自诊断模块和内存管理模块等。

数管分系统的应用软件按模块化进行设计，模块化设计不但易于开发、测试和维护（包括在轨维护），也便于裁剪、扩展以满足不同卫星飞行任务的需求。应用软件包括飞行任务数据处理软件、卫星平台管理软件和有效载荷管理软件。飞行任务数据处理软件负责采集、接收、处理和分配大量的数据，包括卫星飞行中获取到的数据，由地面站和其他卫星传送来的数据，其数据处理的要求依据不同的飞行任务而异。卫星平台管理软件主要完成诸如太阳翼和天线展开，工作模式切换，温度控制，蓄电池充放电控制，供电控制以及降低关键部件的功耗等功能。有效载荷管理软件主要完成有效载荷状态设置，定时、定条件开/关机控制，正常运行和故障情况下的顺序开/关机控制等。一般可按软件结构和功能需求划分为若干个进程，实现不同的功能，如上行遥控数据验证、处理和分配进程，遥测数据采集和处理进程，延时遥测数据压缩进程，下行遥测数据生成进程，程序控制进程，热控、蓄电池充放电控制、供电监控等自主控制进程，校时进程，专用数据处理进程，辅助数据生成和发送进程，数管分系统内务管理进程，站间通信进程等。

2.5　通信卫星星载综合电子分系统介绍

卫星综合电子技术是伴随着微电子技术的进步和卫星应用需求而发展起来的综合机电技术，这是一个新兴的技术领域，是一个对信息采集、处理、分配、存储的系统，是一个在苛刻限制条件下，对密集性很高且复杂的航天电子系统进行信息综合和功能综合的技术。霍尼韦尔（Honeywell）公司给出了一个定义，即一个系统只要满足未来可扩展和重构、开放平台、允许第三方在现在或将来参与软硬件开发、全寿命周期廉价、具有时间和空间分区和容错中间件这五个条件，就可以称为综合电子。

卫星星载综合电子分系统可以理解为是星上采用计算机网络技术将星载电子设备互连，实现卫星内部信息共享和综合利用的信息处理和传输的系统，其主要目的在于通过严格的故障检测和提供可代替的资源以达到高的可靠性和容错能力。

综合电子分系统是目前国际上的先进设计理念，国内通信卫星的设计已相继采用该设计理念，从系统的角度对遥测、遥控、姿轨控、配电、电源管理、热控、载荷管理、星务管理等功能，重新进行划分与综合；对综合电子分系统中单机的数量与重量进行精减；在单机设备的设计与实现过程中，采用先进的大规模集成电路技术，以及采用标准化、模块化、通用化的设计思想。

卫星综合电子分系统与传统分系统的最大不同是强调将所有的组成部分都置于一个完整、合理的体系结构之下，采用自顶向下的系统工程方法完成系统的研发。卫星综合电子分系统研发过程中最关键的环节是：需求分析、系统体系结构定义（含系统业务定义、分层模型的建立、协议和信息流设计）、标准化接口设计、关键设备规范制定、设计验证、系统集成和测试。

2.5.1　体系结构

卫星综合电子系统的体系结构取决于卫星的复杂程度、飞行任务、运行轨道和设计寿命、对生存能力的要求、对测控的功能和性能要求、对其他分系统支持的要求以及其他附加要求等多方面因素。上述因素包括测控通道数及分布，各分系统、部件间的信息交换量和通信速率，以及某些设计约束。这些设计约束包括设计寿命和由此所确定的抗辐射要求、可靠性和安全性要求，卫星总体设计分配给综合电子系统的体积、重量、功耗，此外是否有对卫星总线的约束，是否有编程约束等。上述所有因素确定了综合电子系统的规模和复杂程度。

卫星综合电子系统体系结构的选取要折衷考虑设计的复杂程度、设计约束、可裁剪性、可扩展性、继承性，以及可测试性和可维护性等。目前卫星综合电子分系统体系结构主要有分布式和集中式两种体系结构。

分布式体系结构中的总线结构使用一条公共的数据总线（或网络）连接所有的处理单元。20世纪70年代以来又开发了标准的总线，制定了标准化的总线通信协议，如命令响应式总线通信协议，规范了总线通信的机制，硬件采用冗余配置以及防止终端短路故障等设计，克服了总线这一瓶颈，大大提高了系统的可靠性。90年代以来，生产了很多支持各类标准总线通信协议的芯片，更便于设计分布式结构的卫星综合电子分系统。这种体系结构具有通用性好、易于扩展、容错性好等特点，目前常用于卫星综合电子分系统。

集中式体系结构又称为星形结构，这种结构的系统制造成本相对要低，体积、质量和功耗较小。系统由一台中央处理机控制完成综合电子功能，中央处理机与每个处理单元（节点）都有一个点对点的通信线，不但通信线束多，增加新的节点也必将影响中央处理机的软硬件设计状态，通用性差，所以仅适用于节点较少的应用场景。随着处理器能力的增强，有可能将原来需要多台处理机完成的功能集中到一个处理机来完成，所以国内有一种意见主张采用集中式体系结构的系统，将多种功能在一个处理机上运行，软件功能模块之间的影响和错误的扩散都降低了系统的可靠性，体系结构本身的可靠性也相对较低。

2.5.2　容错关系与冗余设计

从容错性能上看，综合电子分系统应能实现自身部件的自主动态重构，当任一模块出问题时能实现任务迁移，按系统重要程度来设计容错度，分布式容错操作系统负责动态数据路由、网络重构和恢复。因此需要在现有体系结构的基础上研究新的体系结构。关于处理单元的容错设计方案很多，目前已实现的有双机冷备份、双机热备份、三机热冗余，已开展的容错设计研究有自主容错和自主重构等。

考虑到目前我国卫星数管分系统均采用了基于串行数据总线的分级分布式结构，为了利用这些成果，也考虑到 1553B 总线在国际上还有相当广泛的应用，可以在新系统的设计中保留 1553B 总线作为测控总线，可以与目前所有的和将来研发的带 1553B 总线接口的终端互联。选择高低搭配的双总线网络结构，IEEE1394 总线用来传送高速用户数据，采用双冗余结构，树叶节点和树支节点交叉配置，该结构可以适应灵活配置的需要。1553B 总线用来传送低速测控信息，保证传输数据的高可靠性，并作为 IEEE1394 总线失效后的系统备份。

图 2-22 所示为一种典型的高性能容错串行总线体系结构。从图中看出，IEEE1394 总线为双冗余结构，当任一叶节点失效时，不影响本终端和整个 IEEE1394 总线系统的工作。当任一分支节点失效时，需启动备份总线，本终端通过叶节点的方式挂在备份总线上继续通信，不影响本终端和整个 IEEE1394 总线系统的工作。当某终端分支节点和叶节点全失效时，则挂在失效分支节点上的叶节点要重新选择路径，通过备份总线与其他终端通信，这样除了已失效

终端外，其余终端还能正常工作。即使 IEEE1394 总线的分支和叶节点损坏到了这个程度，以致无法将剩余节点连成系统，还可用备份的 1553B 总线来传递重要数据。

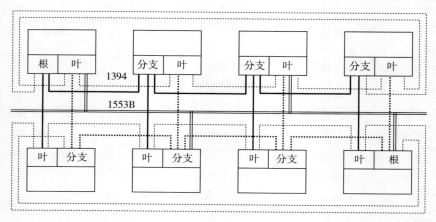

图 2-22　IEEE1394/1553B 总线结构

2.5.3　通信协议

目前，地面计算机网络系统采用了分层的体系结构，国际和国内空间数据系统正向分层的体系结构方向发展，分层结构促进了计算机网络技术的飞速发展。主要原因是：

1）计算机网络技术发展很快，当某层发生变化时，只要层间接口不变，则其他相邻层不受影响，对某层提供的服务可以修改，甚至当不再需要时，某层提供的服务可直接被取消，整体灵活性好。

2）各层功能相对独立，将复杂的网络系统划分为相对简单的部分，有助于系统性问题的解决，符合自顶向下的系统设计思想，易于实现和维护。

3）能促进标准化工作，每一层的功能和接口可明确定义，实现标准化，从而促进产品复用，降低开发周期和成本。

4）结构上可分开，各层可用最合适的技术实现。

分层应使每一层的功能非常明确，若分层太少就会使每层的协议太复杂，分层的好处体现不多，但分层过多又会在描述和综合各层的系统工程任务时遇到较多困难，而且有些功能在不同的层次中重复出现。

目前在地面计算机网络系统比较著名的分层模型有 ISO 的 OSI 七层协议和因特网 TCP/IP 协议，OSI 七层协议既复杂又不适用，但其概念清楚，理论完整。TCP/IP 协议实际上并没有一个完整的体系结构（只有应用层、传输层和网络层，对网络层以下没有规定），但得到了全世界的承认，成为事实上的国际标准。随着 TCP/IP 协议的广泛应用和成熟，人们很自然地想把 Internet 成功的体系结构概念应用到其他新的环境。

CCSDS（国际空间数据系统咨询委员会）建议书的分层结构与国际标准化组织（ISO）开发的开放系统互连参考模型（OSI）极其相似，CCSDS 利用了 OSI 的概念，主要参照 TCP/IP 协议制定了空间网络协议 SCPS，其协议有五层，各层均有定义，体系结构是完整的，其设计目标是：支持高效、可靠的空间数据传输；适应发展中的多节点任务配置对空间网络路由功能的要求；提供广泛应用的互联网络的兼容性和互操作性；增进任务间、机构间、国家间的协作和互操作；大幅度降低运行费用。

SCPS 以 Internet 协议为基础，进行适当的修改和扩充，在空间和地面环境之间架设起一座桥梁。SCPS 协议由 4 部分构成：1）可缩放的网络协议（SCPS 网络协议，即 SCPS - NP），在包括空间数据链路的网络上，同时支持报文的面向连接和无连接的路由；2）数据保护机制（SCPS 安全协议，即 SCPS - SP），提供报文端到端的保密性和完整性；3）重传控制协议（SCPS 传输协议，即 SCPS - TP），针对在可能包含一条或多条不可靠空间数据传输链路网络的计算机之间提供卫星指令和遥测报文可靠的端到端传送，进行优化；4）文件处理协议（SCPS 文件协议，即 SCPS - FP），针对卫星命令、软件加载和遥控数据集的下载和应用进行优化。

星上电子设备可分成 2 类：网络设备和非网络设备。网络设备完成网络协议各层的实现，完成数据通信的功能；非网络设备完成数据的产生、采集、分发、处理、存储等功能，是网络通信的源泉和目的。基于上述考虑，选择 AOS 作为我国未来空间数据系统数据链路层协议。

AOS 是一种包含空间链路的国际网，能够实现星地立体的交互支持，成为空间的"综合数字业务网"。它能够提高信道利用率，降低成本，保证高质量的数据传输。AOS 所提供的 8 种业务（其中包括了因特网业务），能够满足空间数据系统的需求。并非卫星上所有的仪器都需要因特网业务，且不是只要有一种因特网业务就能够满足需求，例如有些星载设备需要大数据量的单向数据传输（遥测、遥感、图像等），路径业务即可满足其需求，而有些数据需要等时插入（时间码，用于校时），但因特网业务无法提供这种服务，故只能采用 AOS 插入业务。

星上网络节点可分 2 类：一类是星间/星地节点，该类节点可采用上下行链路完成 AOS 和物理层的功能，网络层以上采用 SCPS 协议，主要完成星地或星间通信和路由；另一类为星载网络节点，完成星载设备之间、星载设备和星地/星间节点的通信，该类星载网络节点主要采用 TCP/IP 协议，数据链路层以下可采用以太网、IEEE1394 总线、1553B 总线等。

第 3 章　通信卫星信息系统设计技术

3.1　概述

本书将聚焦通信卫星信息系统概念中的星载信息系统和星间信息系统，并对其进行介绍和讲解。本章所聚焦的通信卫星信息系统设计技术主要包含通信卫星星间信息系统设计技术、通信卫星星载遥测遥控系统设计技术、通信卫星星载数据管理分系统设计技术和通信卫星星载综合电子分系统设计技术。

3.2　通信卫星星间信息系统设计技术

通信卫星星间信息系统主要是指空间星座内部测控信息传输方式与协议的实现集合。本节将介绍其设计技术主要涉及的几项关键技术，其中包括星间激光通信链路技术、星座自主运行技术、星间相对测量定位技术以及空间互联网协议。

3.2.1　星间激光通信链路技术

星间激光通信链路技术是一个具有广阔应用前景的研究领域。星间激光通信链路以激光为载体，在星间建立激光通信链路，实现数据传输，具有通信容量大，功耗较小，抗干扰能力和保密性强，通信频段不受限制等优势，已经成为卫星技术研究的热点之一。

星间激光通信链路建立的初期，容易受到星历误差、平台振动以及卫星姿态控制精度等因素的影响，产生一个初始瞄准偏差角。本章仅讨论星间激光通信链路技术，对其相关影响因素不做过多分析。

在卫星激光通信链路技术发展的过程中，许多关键技术，尤其在光源系统及码率调制技术，激光信号接收技术，瞄准、捕获和跟踪技术以及收发天线技术四个方面亟待突破。下面简要介绍这四个方面的关键技术。

3.2.1.1 光源系统及码率调制技术

在卫星激光通信中，光源系统的设计是激光通信系统的关键问题之一，因为系统需要大功率光源来减少背景光的干扰，同时要求高调制速率。激光在大气中传输，激光波长的选择的影响因素包括大气的传输特性及背景辐射、器件的现实性等。

目前用于星上的激光器研究主要集中在与 900 nm、1 000 nm 及 1 550 nm 三种波长对应的固体激光器、半导体激光器和光纤激光器。

（1）固体激光器

在众多激光器中，固体激光器一直具有波长稳定性好、发射功率大等优点。其中，适用于空间的固体激光器有 Nd：YAG 固体激光器。Nd：YAG 激光器性能优异，可采用多种调制方式。基于 PSK 调制、直接采用光零差解调的检测方式，可使探测器灵敏度大幅提高。然而，固体激光器也有许多缺点。Nd：YAG 激光器的突出缺点是电光转换效率低，要提高其电光转换效率，当前主要是通过选取高性能的半导体激光二极管作为泵浦光源来改善。

（2）半导体激光器

半导体激光器是以半导体材料作为激光工作物质的激光器。它的优点在于结构简单、小巧的外形体积和较高转换效率。目前卫星信号传输试验大多数都采用了半导体激光器。对于半导体激光器来说，它最大的缺点发射功率小，其他的缺点还包括线宽较宽、波长稳定性差等。实际项目的应用中会使用多只激光器的复合来弥补上述缺点，但这也带来了新的问题。目前采用一种主控振荡功率放大（MOPA）的半导体器件来解决发射功率小的问题。若 MOPA 的功率环境能满足空间环境的要求，半导体激光器将有更广泛的应用前景。

（3）光纤激光器

光纤通信技术是一项非常成熟的信息传输技术，不管是从外形参数（体积）、功能性能参数（转换效率、光束质量等）还是满足应用需求（调制速率等）的角度，都可以通过比较简单的技术加工而满足星上应用需求。但是，光纤激光器在卫星领域的使用也存在一定问题，其中最大的问题是空间光到光纤的耦合问题。在光纤激光器及光纤前置放大器均能满足空间环境要求的前提下，若耦合问题能得到有效解决，那么采用光纤建立高速星间、星地链路将会成为未来的发展趋势。

光源的调制方式、功耗等多项性能均应满足有效载荷在空间环境的要求。目前输出功率为几十毫瓦、输出光束质量好、工作频率高（几十 MHz 至几十 GHz）的半导体激光器多用作数据传输的光信号源。考虑到作为光源的材料必须满足频带宽、体积小、质量小、功率高的特点，发射子系统的光源也可以选择光纤激光器。

3.2.1.2　激光信号接收技术

目前，常用的激光信号接收方式主要包括直接探测/强度调制（IM/DD）、相干探测等。IM/DD 技术比较成熟，具有成本低、结构简单、易实现等诸多优点，被早期空间激光通信系统广泛采用。但该方式的探测灵敏度很大程度受限于器件本身性能，通信速率升高，探测器灵敏度下降。相干探测是目前国际上的研究热点，它具有抗扰能力强、灵敏度高等优点，但其涉及的系统复杂，往往实现难度大，且要求诸多条件，包括信号光与本振光具有良好的相干性和频率稳定性，以及良好的空间光场匹配能力等。

当前，空间激光通信体制正由 IM/DD 向相干探测转变，主要是因为相干探测具有更高探测灵敏度。在相干检测中，本振光的作用等同于光放大，提高本振光可实现灵敏度的提高。在相同的码速率和误码率条件下，相干探测的灵敏度比 IM/DD 有所提高，提高幅度约为 10～25 dB，所以相干激光通信的激光信息传输距离更远；同时，它还具有相对较高的调制速率和相对丰富的模式。

随着空间相干激光通信技术的发展，近年来相干检测方式的研究取得了突破性进展，主要体现在以下两方面：

1）空间相干激光通信系统对于激光器频率的稳定性要求较高，现今 LEC 激光器、DFB 激光器、DBR 激光器等激光器发展了锁模法或外腔反馈法等高精度稳频、频谱压缩技术，有效克服了半导体激光器的调幅和调频噪声对灵敏度的影响。

2）二进制移相键控（BPSK）信号调制凭借着其零差接收的高灵敏度和广阔的应用潜力，已经成为相干体制下空间相干激光通信系统的应用重点。常用的相位同步技术是光学锁相环，能够满足零差接收对本振激光和信号激光相位同步的严格要求。目前已形成适合于不同的相干接收机的平衡锁相环、柯斯塔斯锁相环、同步位锁相环等，这些锁相环为相干探测向高灵敏度迈进奠定了基础。

3.2.1.3　瞄准、捕获和跟踪技术

激光信息传输链路具有传输率高、功耗低、保密性好等优点，同时也存在发射波束窄等不足。激光终端之间在通信过程中要实现锁定，前提是必须实现精确对准，其关键技术就是接收端精确获取发射端光束的瞄准、捕获和跟踪（APT）技术。APT 系统一般由两部分组成：1）粗跟踪（捕获）系统；2）精跟踪（跟踪、瞄准）系统。

粗跟踪采用开环控制技术，精跟踪采用闭环控制技术，二者结合以完成卫星激光通信工作。可见，APT 系统的另一个关键是控制技术。

粗跟踪系统一般利用宽信标光束，采用螺旋扫描方式（或行列扫描方式）扫描不确定区域，以完成整个捕获过程的"信标光＋扫描"方案。粗跟踪系统所采用的探测单元的主要四项参数为分辨率、视场、信噪比和帧频。

1）分辨率。在粗跟踪视场中，主要误差源包括：CCD 检测误差、振动抑制残差和力矩干扰误差等。其中，CCD 检测误差直接传递输出的结果，控制内环无法有效抑制该误差，所以，应使该误差

不超过总误差的三分之一。

2）视场。捕获概率和捕获时间等因素决定了视场的下限。为了降低信标光束的输出功率，受到轨道精度和伺服转台精度等因素的影响，光端机开环捕获的不确定区域通常大于粗信标的束散角。检测精度和背景光等因素影响视场的上限，为了控制该影响，两光端机的视轴需要进行跳步和扫描，直到形成光闭环。

3）信噪比。一般采用两方面的手段来保证信噪比：一方面采用窄带光学滤光片、双采样电路和高灰度分辨率来降低背景光的接收功率和其他各种噪声、CCD 的复位噪声和 ADC 量化误差，另一方面采用光谱匹配、增加接收光学系统口径等措施，来提高接收信标光的功率。采用图像处理技术，对光斑质心的脱靶量进行自动检测，而后传输至控制系统，保证粗跟踪任务的要求，最终达到保证图像处理的实时性的目的。

4）帧频。在光电跟踪伺服系统中，为了保证控制系统的相位裕量，需要控制 CCD 采样频率大于闭环带宽的 10 倍甚至更多。

精跟踪系统包括：快速转镜、精瞄准传感器和精瞄准控制系统三部分。通信要求的瞄准精度和卫星姿态变化、轨道摄动和微振动等干扰因素的影响决定了对精跟踪系统性能的要求。姿态变化和轨道摄动频率较低，对伺服机构的带宽要求不高，但微振动频率较高，对伺服机构的带宽要求较高，必须有效结合振动抑制技术，合理设计伺服系统功能，从而使精瞄准系统满足激光通信要求。实际设计的具体性能指标选取如下：

1）精跟踪系统的视场下限应大于粗跟踪系统的视场上限；

2）为了有效抑制平台振动，精跟踪系统的闭环带宽大于 200Hz；

3）精跟踪系统采用细分方法实现高分辨率，其检测精度应控制在总精度的三分之一以内。

3.2.1.4 收发天线技术

目前，光通信系统采用具备收发功能的天线和超高隔离度（近

100%）的精密光机组件，以完成双向跟踪需求。为了适应天线结构轻巧、稳定可靠等需求，光通信系统需要采用高增益天线。目前主流的光通信系统采用的天线口径一般为上限低于 250 mm 的天线。

设计具备收发功能一体的天线时，主要考虑的参数包括反射镜口径、焦距、角度以及相对位置等。

1）望远镜的物镜孔径作为望远镜聚光性的主要标志，指的是有效孔径。要最大限度地接收目标的光辐射，天线孔径必须尽可能大。

2）在空间激光通信系统中，星载的次级反射镜和其他附件对光学天线的遮挡率要足够低，设计范围为小于 5%。

3）光学天线对材料有许多要求，包括膨胀系数小、强度高、质量小、寿命长等。高性能聚合物结构可以满足上述要求，且还具备耐高温和低温、变形小等特点，适用于温差大的空间光通信工作。

光束由天线发出后，经过空间传输，光束的质量会受到影响，影响因素众多，在此不一一列举。研究人员采用许多方法来减少光束传输过程中所受的影响，但接收到的光束较发出的光束，质量还是有所降低。这些影响因素引起光束波前变形，使光学成像模糊或激光能量分散，从而影响光束质量。

光学系统在空间干扰条件下，可以通过自适应光学技术进行自动校正波前误差，以此保持良好质量。自适应光学系统由波前误差传感器、控制系统和波前校正器三部分组成。波前误差传感器能实时测量波前误差，并实时传送波前误差给控制系统；控制系统的核心是一台用于对波前误差信息进行处理的高速大容量计算机，它将处理的结果转换为控制信号用于校正；波前校正器利用从控制系统获取的控制信号，在光路中校正波前误差，改变光束的波前形状，校正后输出光束。

3.2.2　星座自主运行技术

各国逐渐认识到以地面测控为主的模式在运行和管理中存在缺陷，都在积极发展卫星的自主运行技术。星座自主运行是当前主流的星座运行模式之一，它指的是星座不依赖地面设备，卫星自主确保星座状态和维持星座构型，在轨完成空间飞行任务所要求的功能。星座自主运行是一种必然的发展趋势，它能降低星座成本、减小星座系统风险。

星座实现自主运行的首要任务是解决星座内卫星之间的自主控制。星座自主控制的相关技术主要包括卫星自主规划与调度、卫星自主导航和卫星轨道自主控制，此外还包括自主热控、自主管理、自主故障诊断与系统重构等。

3.2.2.1　卫星自主规划与调度

卫星自主决策的关键是自主规划与调度，该技术也最能体现卫星星座系统自主的能力。卫星自主规划与调度的主要目的是根据当前卫星的资源状况和外部环境等约束条件，分配星上资源，并选择各类动作将任务分解成指令程序。

在美国深空 1 号（DS－1）上，自主控制的主体是远程智能体，它与地面控制系统、星上实时控制系统等协同工作，实现对 DS－1 的自主控制。基于模型的模式识别和重构模块、规划与调度模块、智能执行体模块三部分组成远程智能体，此外它还包括一个任务管理器。

基于模型的模式识别与重构模块负责对 DS－1 的健康状态进行监视、识别，确保接收到的指令被执行且结果正确，并在发生故障后迅速进行系统重构。规划与调度模块将任务分解成满足约束条件的计划，再将分解的计划传送给智能执行体模块。智能执行体模块将接收到的计划进一步分解成控制指令程序，然后发送指令程序给飞行软件，最终完成飞行任务。

星座的飞行任务比单星更复杂。即使环境约束基本一致，但系统中增加了多颗卫星的相对位置信息，因此"动态"和"实时"成为星座自主规划与调度的重点。此外，国外的航天器还使用了连续规划和调度的方法，其中，规划装置包含的模型融合了当前目标集、规划算法、当前状态、所期望的将来状态等参数。

3.2.2.2　卫星自主导航

卫星自主运行对星载控制分系统的要求主要是自主导航。自主导航是星座实现姿态和轨道自主控制的前提和基础，为星座构形控制提供数据支持。

星座自主导航主要有两种手段。

（1）基于单星自主导航的星座自主导航

基于单星自主导航的星座自主导航方法主要是依靠单星导航设备完成轨道确定。全自主导航手段的精度相对较低，主要手段是依赖全球导航系统。国外公司开发的星上自主导航模块采用的就是单星绝对导航策略。星载计算机将轨道预报数据与全球导航系统获取的信息融合，从而使卫星获得高精度的轨道数据。

（2）基于星间测量信息的星座自主导航

星座自主导航的关键技术主要包括：星历和时钟参数长期预报技术、星间链路与测距技术、基于星间测量的分布式导航算法、位置信息的融合与分发等。星座中卫星之间的距离、距离变化率和方位等测量信息可用来改进卫星的预报星历能力，提高轨道确定精度。GPS Block 2R 就是利用星间测量数据，对地面控制系统注入的轨道预报数据进行改进，从而达到自主导航的目的。

在没有绝对距离信息的前提下，相对距离信息只能构成空间的相对位置约束，对位置估计存在可观性问题的测量依据，若为相对距离，则会导致在采用传统的最小二乘算法的情况下，发生亏秩现象。由模型误差引起的轨道的长期预报误差是可以通过星间测距信息进行修正的，此外还存在地球方位误差、将星座运动作为刚体运动处理后所产生的误差，此二者无法通过星间测距信息修正。

3.2.2.3　卫星轨道自主控制

星座自主运行不仅在飞行任务上比单颗卫星更复杂，而且从技术实现上也更复杂。星座中卫星入轨时其轨道都会有一定误差，在轨期间也会因轨道摄动产生微小差异，经过一段时间，星座轨道误差就会变大，逐渐偏离设计轨道，星座几何构型失衡，最后导致星座功能失效，甚至会发生卫星间的碰撞。只有对卫星的轨道进行控制，才能使星座的几何构形在一定精度内保持平衡。卫星轨道自主控制的基本运作方式是基于自主导航的轨道位置控制，星载计算机依据自主导航系统所提供的卫星运动相关参数，控制系统给出相关控制指令，推进系统完成轨道机动。

星座轨道自主控制主要有两种策略：绝对位置保持和相对位置保持。

（1）绝对位置保持

星座几何构形控制的绝对位置保持策略的基本原则是保持星座内每颗卫星的绝对位置在所允许的误差范围内。这种控制策略的优点是控制方法简单、期望位置明确，不足的是轨道控制次数较多。铱星星座和全球导航星座均采用这种控制策略。

（2）相对位置保持

星座几何构形控制的相对位置保持策略并不要求星座内每颗卫星的绝对位置保持不变，而是要求卫星之间的相对几何构形维持在一定位置内。这种控制策略的优点是轨控次数相对绝对位置保持策略来说明显减少，但需要有相对导航和星间通信支持，控制方法复杂，目前星座几何构形的自主控制保持还主要处于算法研究和地面仿真演示阶段，还不成熟。

自主保持系统（ACMS）是一种具有一定应用背景的星座自主维持仿真软件，充分利用了成熟的软、硬件和导航系统，如 OCK 自主轨道控制模块、PAN 导航模块。仿真结果显示，无需复杂的星间通信和地面控制系统支持，仅通过低轨星座的自主位置控制系统，就可以将绝大多数轨道面内的位置误差控制在 1.5km 以内。ACMS 自主位置控制系统采用了绝对位置保持策略，将星座中的每颗卫星控制在一个允许的误差范围内。

3.2.3　星间相对测量定位技术

目前，星间相对测量方法主要有激光、无线电、导航和可见光测量等方法，国外星间相对距离测量精度达到了 nm 量级，测量时间同步精度达到了 0.1ns 量级；而国内的星座距离测量精度与时间同步精度同国外相比，还存在较大差距。表 3-1 是几个国外典型星间测量的研究情况，图 3-1 和图 3-2 是其中两个项目的星间相对测量原理示意图。

表 3-1　部分国外星间测量的研究情况

项目	测量原理	测量指标	国别
重力测量卫星系统（GRACE）	K 频段测距系统（简称 KBR）、双频 GPS 接收机、激光后向反射镜等设备的定位结果用于确定高精度的地球引力场模型	当前阶段实现 2 cm 的相对定位精度、5～10 ps 的时间同步精度。下一代系统拟采用激光干涉测距技术，相对定位精度将达到 nm 量级	德国＋美国
VISNAV 传感器系统	由光源和光电传感器两部分组成，利用一个位置敏感二极管传感器得到的电流测量数据计算包括传感器位置和方位在内共 6 个自由度的估计值	当星间距离小于 10 m 时，系统的相对定位精度为 2 mm，相对定姿精度为 0.01°	美国
TechSat-20 项目的星型测距器	采用载波相位差分 GPS 确定编队飞行卫星的相对位置和姿态	目前定位精度为 1 cm，目标是 5 mm；相对姿态精度为 0.5°	美国
陆地行星探测者项目中编队飞行干涉计（FFI）设计的编队获取传感器	利用载波相位差分法确定星间相对方位，采用调制在载波上的伪随机码确定星间距离	距离和方位角，测量精度分别优于 50 cm 和 1°	美国
DS3 深空编队飞行探测任务研制的 AFF 传感器	利用 2 颗卫星上不同特征点信息求解卫星的相对位置和相对姿态	相对位置测量精度为 mm 量级，相对姿态测量精度为 10^{-5} rad 量级	美国

续表

项目	测量原理	测量指标	国别
微扫描激光距离探测器（MS－LRF）	基于微机械技术的双轴扫描测量系统，主要由光学扫描装置、微透镜、分光镜、激光二极管、雪崩图像二极管、用于驱动扫描器的压电传动装置、驱动电路和信号处理环路组成	星间相对位置和定姿的精度分别为 1 m 和 0.2°	日本

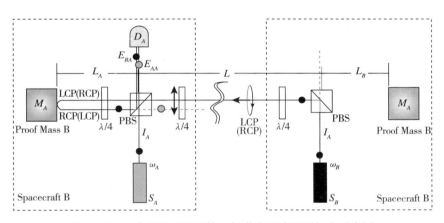

图 3-1　重力测量卫星系统星间激光干涉测距概念示意图

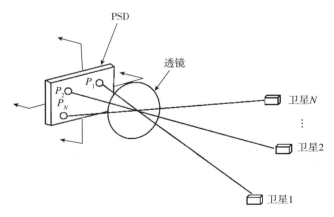

图 3-2　VISNAV 传感器系统的原理示意图

3.2.4 空间互联网协议

从 20 世纪末期开始，航天大国均开展了许多空间互联网的相关研究工作，致力于将地面网络技术发展到空间应用，目前正处于空间互联网技术演示验证阶段。从目前成熟的经验来看，星座空间测控网可采用的协议主要包括以下 3 种：

（1）空间 IP 协议体系

互联网的快速发展，使在空间通信中直接采用 IP 技术成为可能。空间 IP 协议体系的优点是成熟度高，易于升级，成本低，能够满足航天任务的需要。21 世纪初，美国戈达德航天中心研究了空间通信采用地面商用 IP 协议的方案。该项目基于地面 IP 协议开展了地面试验，并在航天器上进行演示验证。空间 IP 协议体系虽然基本满足地面系统与近地轨道航天器之间的数据和信息传输，但空间通信传输延迟很大，不满足 TCP 协议基于端到端重传的要求。此外，按照分级方式实现的地面路由协议无法满足空间通信的复杂操作环境。

（2）CCSDS 体系结构

为了满足下列需求，CCSDS 建立了空间通信协议规范（SCPS），支持可靠数据和信息传输的标准协议需求；大幅缩减运行成本且能够从空间任务获取结果的能力的需求；满足空间多节点任务对空间网络选路的需求；与互联网兼容的操作需求。基于上述需求，SCPS 在因特网的协议层次模型的基础上，依照空间环境特点在进行模仿应用的同时，对因特网协议的 IP、IP SESC、TCP/IP、FTP 协议进行了修改，相应地建立了 SCPS 网络协议（SCPS NP）、SCPS 安全协议（SCPSSP）、SCPS 传输协议（SCPS TP）、SCPS 文件协议（SCPS FP）。

CCSDS 允许在网络层使用 Ipv4 和 Ipv6 数据包，同时参考地面 IP 技术建立了一套涵盖网络层到应用层的 SCPS，增强了对空间通信环境的适应性。

近年来，随着工程应用和理论研究的深入，还产生了将 CCSDS 协议体系与空间 IP 协议体系相结合的思想，就是在数据链路层使用 CCSDS 建议，如分包遥测、分包遥控、AOS、Proximity 1 等；网络层应用 IP 协议及扩展技术；传输层和应用层应用商业标准协议。这种解决方案具有灵活的协议配置能力，但协议堆栈的可适应能力较弱，没有从根本上解决空间 IP 协议体系和 CCSDS 协议体系在空间通信中应用时存在的缺陷。

（3）DTN 的设计思想及体系结构

容延迟网络研究小组（DTNRG）开发未来空间/地面协议堆栈的目标是整合高度优化的区域网络协议，提出一种基于容延迟网络（DTN）的协议体系。为了解决空间环境的信息可靠传输问题，2002 年，JPL 提交了一份名为"Licklider 传输协议（LTP）"的协议草案来支持 DTN 网络，用来替代 IP 协议和 TCP 协议。

DTN 采用的设计理念是：传输层与网络层要符合本地通信环境的要求，采用了"non-chatty"的通信模型和"存储转发"的技术进行数据和信息传输，并采用了重传机制来解决数据丢失的问题。

因此，DTN 是一种基于消息"存储转发"的体系结构，并在应用层与传输层之间增加 bundle 层。通过 bundle 层的"存储转发"路由，有效解决了可变时延长、数据传输非对称等问题；此外，基于 hop-by-hop 的 custody 传输机制，提供了端到端的可靠数据和信息传输，有效解决了链路数据和信息传输丢包概率高、错误率高等问题。

3.3 通信卫星星载遥测遥控分系统设计技术

通信卫星的测控分系统的功能主要包括遥测功能、遥控功能、测距功能以及信标功能。采用微波统一载波体制的测控分系统由遥测单元、遥控单元和跟踪子系统三个部分组成。遥测单元主要完成遥测基带信号的处理；遥控单元主要完成遥控信号的基带处理；跟踪子系统除为地面测距提供转发测距通道外，还为遥测信号和遥控指令提供射频传输通道，下行遥测载波可作为卫星信标，用于地面系统跟踪。

（1）遥测功能

遥测单元按照规范的信号接口，通过传感器收集卫星各分系统的工作状态，并按预定的格式进行遥测数据的编排（或格式化）形成串行数据流，在完成数据的压缩或编码后进行信号调制，以适应空间无线通道的传输。通信卫星涉及的遥测物理信号主要包括电流、电压、功率、温度和压力，涉及的传感器主要包括电磁传感器（霍尔电流传感器）、温度传感器、压力传感器等。

（2）遥控功能

遥控单元通过测控天线以及射频通道接收地面发送的遥控信号，在完成遥控指令数据的解调后进行指令数据的解码、译码，并按照规范的信号接口向卫星相关设备输出控制命令和参数。

（3）测距功能

跟踪子系统通过测控天线以及射频通道接收地面发送的测距信号，在完成测距信号的解调后再调制到遥测载波上向地面转发，建立起星地测控系统的测距转发通道，并提供固定时延，引入测距计算。

（4）信标功能

卫星的遥测载波信号一直向地面发送，在可见弧段内，可作为地面系统捕获卫星的信标。

根据功能和工作过程，卫星测控分系统将涉及以下基本的技术。

3.3.1 测控技术基础

3.3.1.1 测控频段

航天器所用的一个主业务频段也可用于测控操作业务，如 C 频段。表 3 - 2 列出了我国规定的部分可用于卫星测控和地面站支持的频段。

表 3 - 2　卫星测控可用频段　　　（单位：MHz）

波段	上行	下行
VHF	—	149.90～150.05，174～184（保留使用）
UHF	560～620	399.90～400.05，470～485（保留使用）
S	2 025～2 110	2 200～2 290
C	5 925～6 425	3 700～4 200

在选择测控频段时，应遵循以下要求和原则：

1）符合国际、国内频段的划分准则；

2）满足卫星本身 EMC 要求，避免电磁干扰；

3）拓展性，可适应将来发展的需要；

4）继承性，考虑现有技术水平和继承现有设备；

5）根据系统所需的测量精度和信息容量合理进行选择；

6）电波的传播特性，具备通过大气层衰减和折射及穿透等离子区的能力等；

7）兼顾工程测控、业务测控的需求。

为提高卫星测控安全，部分卫星采用 Ka 频段测控，主要用于完成卫星定点后的测控任务。此外，也有部分卫星选择 S 频段测控，主要用于 LEOP 阶段以及定点后的应急备份。目前，我国大部分通信卫星使用卫星主业务频段进行测控，即标准 C 频段。

3.3.1.2　测控系统

按体制划分，通信卫星使用的测控系统包括统一载波测控系统、扩频测控系统以及混合测控系统。

（1）统一载波测控系统

统一载波测控系统是将测距测速、遥测、遥控的载波进行统一，在同一个载波上，对遥测、遥控和测距副载波进行调制，实现多路信号频分复用传输，从而实现测控任务的多功能综合。其特点是设备和功能集中、测控标准国际化、电磁兼容性好、测控覆盖范围较窄。由于通信卫星有效载荷大量使用 C 频段频率，测控系统一般采用 UCB 体制进行工程测控和业务测控。

在统一载波测控系统中，遥控和遥测信号副载波对载波进行频率调制或相位调制。遥控数据采用频移键控（FSK）或二相相移键控（BPSK）调制方式调制在遥控副载波上。FSK 方式实现起来比较容易，解调不需要本地载波，也不需要与信号速度同步，设备也不复杂，抗干扰和抗衰减的性能也较强；缺点是信噪比要求高，频带利用不够经济。与 FSK 体制相比，在相同的比特误码率要求下，BPSK 系统比 FSK 系统所要求的信噪比小约 3 dB。遥测数据采用 BPSK 调制方式调制在遥测副载波上。国内通信卫星的遥测遥控体制一般都采用 BPSK 体制。

根据数据流生成的方式不同，卫星遥测分为脉冲编码调制（PCM）遥测和分包遥测体制。PCM 遥测是指按照比特、遥测字、帧和格式的结构层次所生成的串行 PCM 遥测信息流；分包遥测是指以分包的方式进行数据分层动态管理，完成多信源多用户遥测数据传输的可编程 PCM 遥测体制。

同样地，根据数据流生成的方式不同，卫星遥控分为 PCM 遥控和分包遥控体制。PCM 遥控是指按照引导序列、遥控帧、空闲序列、结束序列等固定数据格式的遥控数据结构；分包遥控是指以分包的方式进行数据分层动态管理，完成多信源多用户遥控数据传输的开放式 PCM 遥控体制。

目前，国内通信卫星一般使用 PCM 遥测遥控体制，新研发的卫星平台也在逐步引入空间数据系统咨询委员会（CCSDS）构架，使用分包遥测遥控体制。

（2）扩频测控系统

在统一载波测控体制的基础上，部分卫星采用扩频测控体制是为满足卫星具备测控信息安全能力和测控信道抗干扰能力的要求。

扩频测控体制的基本工作原理是利用自相关性强而互相关性弱的周期性码序列作为地址信息（称为地址码），对已调制基带信息的载波进行再次调制，使其频谱大为展宽，这一过程称为扩频调制；

在接收端以本地产生的一致地址码作为参考，经过卫星信道及空间传输，根据相关性的差异对接收到的信号进行鉴别，从中将地址码与本地地址码完全一致的信号还原，其他与本地地址码无关的信号则滤除，这一过程称为相关检测或扩频解调。

扩频测控体制的特点包括：具有码分多址的能力；较好的抗有意干扰和无意干扰的能力；信号功率谱密度低，因而具有较好的保密通信能力。

（3）混合测控系统

统一载波体制一般满足在卫星发射转移轨道以及在轨应急状态下的测控需求，扩频体制一般在卫星业务开通后使用，满足用户对测控安全的需求。混合测控系统是将统一载波体制和扩频测控体制融合的系统，集合了两种测控体制的优点，并结合实际需求进行了一体化设计。在这种混合系统中，遥测遥控的处理为公用部分，在副载波调制和载波调制上分离为统一载波和扩频两种方式，并能实现可靠切换；测距系统是分离的，包括伪码测距系统和侧音测距系统。

3.3.2　遥测技术

遥测技术主要包括星上遥测信息采集和数据处理，地面遥测数据解析、变换和计算。信息采集是通过传感器和变换器将所需的信息变为电信号，再由数据采集器获取并量化成数字信号；数据处理是对来自多个遥测源的数据进行格式化处理，按协议编制成符合测控信道要求的数据流；遥测数据解析是指地面对接收到的遥测数据进行解析拆分，恢复出实际的数据格式和物理意义。卫星遥测工作流程如图 3-3 所示。

按照遥测信号发生、采集、处理及恢复的路径，卫星遥测技术主要包括以下几个方面。

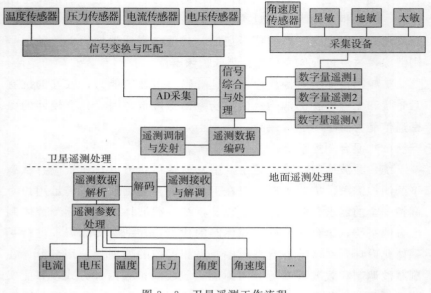

图 3-3　卫星遥测工作流程

（1）传感器

前面介绍过，通信卫星涉及的传感器主要包括电磁传感器（霍尔电流传感器）、温度传感器、压力传感器等，其他还包括环境监测的地磁传感器、带电粒子传感器、静电传感器、振动传感器等，在此不一一赘述。

霍尔电流传感器主要用在配电器内部的对外配电线上，通过霍尔器件的磁感应特性获得电流的变化，通过后续电路的取样、信号放大等实现磁信号到电信号的转换。

温度传感器主要用于测量设备内部或外部的工作温度，用于监控的卫星热设计结果，并作为部分设备故障的检测依据。常用的温度传感器工作原理都是利用电阻值随温度进行变化的特性获得温度的变化信息，主要包括铂电阻、热电偶和半导体式热敏电阻（NTC型）。

压力传感器主要用于对推进系统气瓶、燃料贮箱、管路以及蓄电池单体的压力进行测量，用于监视上述部件的工作状态。该传感器主要实现被测对象压力的变化转化为电压的变化。常用的压力传感器主要包括晶体应变式压力传感器、电阻式压力传感器、电容式压力传感器和电感式压力传感器。

（2）信号变换与匹配

电压信号在进行采集之前，需要根据采集电路的工作范围、接口阻抗等进行幅度、阻抗的调整，确保后级电路的可靠稳定工作。例如，通信卫星常用的双电平量，必须满足采集端高电平 10～12 V，低电平 0～2 V 的要求，否则输入信号无法与采集电路的比较电平进行匹配，可能出现误判。另外，模拟量的采集范围一般为 0～5.1 V，输入幅度过高以及输出阻抗过高将导致采集满量程或不稳定。

（3）AD 采集

通信卫星的遥测信号采集主要包括对模拟电压信号的 AD 采集，对双电平量、开关量的比较判决，对数字量信号的直接采集等。

（4）信号综合与处理

信号综合与处理是把各个遥测接口采集的数据，按照设计的数据格式或传输策略进行编排，并进行一定的编码或码型变换。

（5）遥测数据编解码

按一定的规律在发送端根据信息码元序列，加入多余码元，使不相关的信息码元变为相关，该过程称为编码。解码指的是接收端根据信息码元和多余码元间的规则进行检验。在实际信道传输遥测信号时，由于信道传输特性的影响，信道噪声也会使信号受到干扰，信息码元波形偏离原有状态，因此接收端可能发生错误判断。通过解码，可以发现传输中的错误，这种技术称为差错控制技术，多余码元为校验码元或监督码元。根据信息码元产生多余码元的方法称为差错控制编码，即信道编码。

（6）遥测调制与传输

信号调制是把遥测数据流调制到星地无线信道进行传输。通信卫星的遥测一般采用微波统一载波测控体制，遥测数据先完成 PSK

基带调制，然后调制到载波信号。

（7）地面遥测数据解析与恢复

遥测数据解析和恢复过程与卫星遥测的处理过程相反，根据采集、变换、传感器各个环节的处理系数，地面系统处理恢复出反映卫星相关部件工作状态的物理遥测参数，如温度、电流和压力等。

3.3.3　遥控技术

卫星遥控为地面指令能可靠、及时、准确地传递到目标设备提供传输通道，主要包括遥控信号的解调、指令数据的恢复、指令数据的有效性验证、指令数据的检错纠错、指令数据的译码，最后准确地把地面指令信息路由到目标设备。卫星遥控工作流程如图 3 - 4 所示。

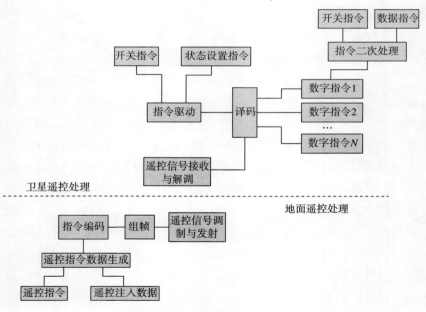

图 3 - 4　卫星遥控工作流程

按照指令数据编码、调制发送、接收解调、译码和驱动输出的顺序，卫星遥控技术主要包括以下几个方面。

（1）指令数据生成

地面系统按设计的指令数据格式将指令转化为注入到卫星遥控系统的指令数据。指令数据包括需要传输的参数、逻辑和地址信息，以及指令校验信息。

（2）指令调制发送

地面系统根据遥控体制，把指令数据调制到遥控上行载波上，通过地面天线向卫星发射。调制环节一般分为副载波调制和载波调制，需要确认数据码型、速率、载波频率、信号极化和功率等方面的指标。

（3）指令接收解调

统一载波测控体制下，遥控信号的解调包括载波解调和副载波解调。测控应答机完成载波信号的处理后，送遥控终端进行副载波解调，恢复出遥控数据流。

（4）指令驱动输出

遥控终端向相关设备送出指令控制信号。信号类型包括脉冲信号和数字信号。脉冲信号根据负载不同，一般设计有电压幅度、脉冲宽度、驱动电流不同的多种形式；数字信号一般是同步串口信号，数字信号的时钟一般与遥控信号码速率相同，各数字接口的电平保持一致，数字信号的时序、逻辑、上升下降沿特性和数据协议是影响信号正确传输的重要指标。

（5）指令编解码

衡量指令通道安全性的一个重要指标是误指令和串指令概率，必须通过有效的差错控制措施减少误指令和串指令发生的概率。常用的差错控制方法有前向纠错、检错重发和混合纠错三种。

前向纠错是指发送端对信息码元按一定的规则产生监督码元，形成具有纠错能力的码字；接收端收到码字后按规定的规则译码，当检测到接收码组中有错误时，能确定其位置并进行纠正。

检错重发是指发送端按一定的编码规则对信息码元加入有一定

检错能力的监督码元；接收端根据编码规则检查接收到的编码信息，当检测出有错码时，即向发送端发出询问信号请求重发；发送端收到询问信号后，把发生错误的那部分信息重发，直到接收端正确接收为止。

混合纠错是检错和纠错结合使用的方法。当出现少量错码，并在接收端能够纠正时，即用前向纠错纠正；当错码较多超过自行纠错能力，但尚能检错时，就用检错重发，通过反馈信道要求发送端重发一遍。

由于通信卫星可见测控弧段较长，为节约卫星资源，星地遥控指令的差错控制一般采用检错重发的机制。指令码发送时携带校验信息，卫星系统完成对接收到遥控指令的检错处理，并及时通过遥测信道把判决信息反馈到地面系统，地面系统根据具体策略选择重发或是放弃。这种差错控制方式也称为星地指令大回路验证方式。

3.3.4 测距技术

卫星测距的基本原理是从地面站发射一个信号，经空间传播后被星上应答机接收并转发回地面站，通过测量信号往返的传播时延（或信号的相位延迟）得到地面站到卫星的距离。无线电测距信号的传播时间与星上设备、地面设备和空间传播路径有关。

统一载波测控体制中，一般采用侧音测距技术，即根据正弦波的某些特征（如相移）来计算信号传输时延。在工程应用中，一般用多个频率的正弦波进行测距：最高频率的侧音能够满足测距精度的要求；最低频率的侧音能满足最大无模糊测量距离的要求；中间频率的侧音保证前后两个频率之间的连接与解模糊。

扩频测控体制中，一般采用伪噪声码（Pseudo Noise，PN）测距技术，即用 PN 码作为测距信号，用 PN 码的相位变化来计算时延。最大无模糊距离取决于序列的长度，测距的分辨率取决于组成序列的码元宽度。选用大量的极窄的码元组成的长周期的 PN 序列码作为测距信号就能满足使用要求。

　　卫星系统提供测距信号的转发通道，并提供稳定的系统内部时延，由地面系统进行测距信号的发送、接收及距离的计算。卫星测距工作流程如图 3-5 所示。

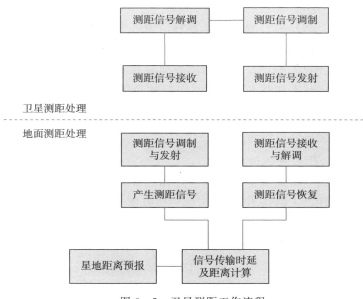

图 3-5　卫星测距工作流程

3.3.5　测控信道

3.3.5.1　信号发射和接收

　　天线增益是指在输入功率相同的条件下，天线在最大辐射方向上的功率密度和无损耗、无方向性天线的功率密度之比，常用字母 G 表示。天线增益是天线的重要参数，表征天线转换能量和特定方向辐射功率的能力。

　　信号发射是由发射设备将已经调制的载波信号进行功率放大，提供足够的功率，然后经由天线发射出去，以保证信号在无线通道中的可靠传输。发射设备包括上变频器、高功率放大器和天线馈源系统等单元，发射设备对外表现出的主要特性是等效全向辐射功率

（EIRP）。EIRP 又称发射系统等效全向辐射功率。天线波束某一方向上的辐射功率强度，等于发射机输出功率 P_t 乘以发射天线增益 G_t 除以馈线损耗 L_t。

　　信号接收是由接收设备对经无线信道传输的射频信号进行接收，经过放大和下变频后，提供满足解调信噪比要求的中频信号。接收设备主要包括低噪声放大器、下变频器和天线馈源系统等单元，接收设备对外表现出的主要特性是增益噪声温度比（G/T）值。G/T 值是指在规定状态和频率下，无线电接收系统天线的增益 G 与其等效输入噪声温度 T 之比。T 包括天线噪声温度、馈线损耗及折算到输入端的接收机噪声温度。

3.3.5.2　信号无线传输

　　无线传输信道是卫星测控信号传输的唯一途径，实际信号在传输过程中存在以下两点不利因素：1）信号能量的散失；无线电波在大气层和宇宙空间传播，存在损耗、畸变和折射。2）信号受到各种噪声的干扰。因此无线传输信道的模型特征主要是损耗和附加噪声。

　　（1）雷达方程

　　无线电信号的传输遵循雷达方程

$$(C/N)_i = \frac{P_t G_t G_r \lambda^2}{(4\pi)^2 R^2 k T_n B_i L_\Sigma} \tag{3-1}$$

式中　$(C/N)_i$ —— 接收的信号噪声功率比；

　　　　P_t —— 发射功率；

　　　　G_t —— 发射天线增益；

　　　　G_r —— 接收天线增益；

　　　　λ —— 传输信号波长；

　　　　R —— 传输距离；

　　　　k —— 玻耳兹曼常数；

　　　　T_n —— 接收端等效输入噪声温度；

　　　　B_i —— 接收带宽；

　　　　L_Σ —— 其他传输损耗。

（2）传输损耗

通信卫星的一个显著特点是无线电波的传输路径非常长，因此无线电测控信号在卫星与地面站之间传输过程中，自由空间传播损耗是最重要的传播损耗，其他传输损耗包括大气损耗、天线指向损耗、星地天线极化损耗会引入传输损耗。对于 Ka 频段等，还要考虑天气原因造成的损耗，如雨衰等。

因此，星地之间总的传输损耗以对数表示为 $L = L_f + L_\Sigma$。其中，L_f 为自由空间传播损耗；L_Σ 为其他传输损耗，主要包括大气损耗（L_{atm}）、天线指向误差及极化损耗（L_p）、发射端馈线损耗（L_{ct}）和接收端馈线损耗（L_{rt}）。

① 自由空间传播损耗 L_f

在链路计算中，一般把 $L_f = \left(\dfrac{4\pi R}{\lambda} \right)^2$ 定义为自由空间传播损耗。损耗与星地之间的距离 R 的平方成正比，与测控信号的波长的平方成反比。

② 大气损耗 L_{atm}

一般来说，大气损耗与测控信号的频率、波束的仰角，以及气候的好坏有密切的关系。在理想测控系统中可以只考虑自由空间传播损耗，但实际上测控信号在大气中传输时，会受到对流层中氧分子水蒸气分子，以及云、雾、雨、雪等的吸收和散射，还会受到电离层中自由电子和离子的吸引。

为简化计算，在工程设计中大气损耗一般取 0.5 dB。

③ 指向误差与极化损耗 L_p

卫星天线与地面天线的指向误差，会造成一定的链路损耗。在星地测控系统中，天线可选线极化或者圆极化。卫星姿态正常时，为尽量减少卫星与地面站之间传输功率损耗，地面测控天线极化方式与卫星测控天线保持一致。同时，卫星在转移轨道时，卫星姿态的变化将改变星载测控天线的极化方式，引起极化方式的不匹配，进而引入星地测控天线极化损耗。

极化损耗 L_p 是指发射天线和接收天线的极化方式和旋向不同时，信号在接收过程中产生的损耗。极化损耗定义为实际接收到的和理想接收的功率之比，遵循以下公式

$$L_p = \frac{1}{2}\left[1 + \frac{\pm 4\rho_t\rho_r + (1-\rho_t^2)(1-\rho_r^2)\cos2\alpha}{(1+\rho_t^2)(1+\rho_r^2)}\right] \quad (3-2)$$

式中　ρ_t——入射波的轴比，圆极化波轴比为 1，线极化波轴比为 0；

　　　ρ_r——接收天线的轴比；

　　　α——接收、发射极化椭圆长轴之间的角度；

　　　"+"——同方向旋转；

　　　"-"——反方向旋转。

式（3-2）对于线极化、圆极化天线均适用。当星地均为线极化，且匹配理想时，$L_p=1$，即 0 dB；当卫星是线极化，地面接收天线是圆极化时，$L_p=1/2$，即极化损耗为 3 dB；当接收与发射均为线极化，且成 90°时，则极化损耗趋近无穷大。

在工程中，一般对于指向误差引起的损耗取 0.5 dB，对于极化损耗取 0.5～1.0 dB，以此保证足够的设计裕度。

④ 发射端馈线损耗 L_{ct} 与接收端馈线损耗 L_{rt}

对于发射端，下行信号由末级功率放大器放大后，在经过电缆、微波网络、波导等无源设备，传输到卫星舱外的天线的馈线上的损耗，定义为发射端馈线损耗 L_{ct}。对于测控上行链路，发射端馈线损耗由地面引入，接收端馈线损耗由卫星引入。

对于接收端，由地面天线接收后，经过微波网络匹配、分路信号，再经过电缆、波导等传输，到前置放大器的馈线上存在的损耗，定义为接收端馈线损耗 L_{rt}。对于下行链路，发射端馈线损耗由卫星引入，接收端馈线损耗由地面引入。

（3）EIRP

地面站向空间无方向的发射无线电测控信号，则无线电波以球面波的形式均匀向空间传播。地面站发射功率为 P_t，距离为 R，则

该点的功率通量密度为 $P_t/4\pi R^2$。当地面发射天线增益为 G_t 时，则卫星接收端的功率密度为 $P_tG_t/4\pi R^2$。当卫星接收天线的有效面积为 A，且天线效率为 η 时，接收到的功率为 $P_r = \dfrac{P_tG_tA\eta}{4\pi R^2}$。$\eta$ 反映电功率以电磁波形式通过天线进行转换时的损失。

卫星接收天线也有天线增益，卫星常用的喇叭天线、抛物面天线等，其接收增益定义为 $G_r = 4\pi A\eta/\lambda^2$，其中 λ 为测控信号波长。

将接收端天线增益公式代入接收端功率公式，结果如下

$$P_r = \frac{P_tG_tG_r\lambda^2}{(4\pi)^2R^2} \tag{3-3}$$

考虑到地面测控站由天线到接收机/发射机之间的各种传输损耗，则可得到公式如下

$$P_r = \frac{P_tG_tG_r\lambda^2}{(4\pi)^2R^2L_\Sigma} \tag{3-4}$$

为计算方便，在进行链路设计时对上式取以 10 为底的对数，进一步合并衰减，并考虑通道设计余量，则公式如下

$$[P_r]_{dB} = [P_t]_{dB} + [G_t]_{dB} + [G_r]_{dB} - [L_f]_{dB} - [L_\Sigma]_{dB} - M \tag{3-5}$$

式中　M——通道设计余量，一般取 3 dB。

在星地测控系统中，常用 EIRP 来表示地面站或卫星的发射端的能力，其公式为

$$\text{EIRP} = [P_t]_{dB} - [L_{ct}]_{dB} + [G_t]_{dB} \tag{3-6}$$

式中，L_{ct} 为发射端末级功放至发射天线之间的损耗。

（4）噪声

噪声是指无规则的、不希望有的、对有用信号造成干扰的电波。对于卫星测控信道而言，由于空间环境复杂，所以接收天线在收到信号的同时，还接收到大量的噪声。噪声的来源和分类都很多，本书将天线与馈线间的连接端口定义为参考点，将参考点外部的噪声定义为外部噪声，参考点内部的噪声定义为内部噪声。

①外部噪声

外部噪声主要包括宇宙噪声 T_1、天电噪声 T_2、大气噪声和降雨噪声 T_3、地面噪声 T_4、工业噪声 T_5、天线罩的介质损耗引起的噪声 T_6 以及天线损耗引起的噪声 T_7。外部噪声温度可以统一归结为天线等效噪声温度 T_a，$T_a = T_1 + T_2 + T_3 + T_4 + T_5 + T_6 + T_7$。

宇宙噪声主要影响 1 000 MHz 以下的传输信号，对于目前测控所使用的 S 波段和 C 波段信号，T_1 的影响可以忽略不计。

天电噪声主要来源于雷电，天电噪声的影响随传输信号的频率增高而减小，因此对于 30 MHz 以上传输信号，可以不考虑 T_2 的影响。

电波在大气中传输时，受到氧分子、水汽、云、雾、雨和雪等吸收作用，产生大气损耗同时也产生噪声。噪声等效噪声温度的计算公式为 $T_3 = \left(1 - \dfrac{1}{L_{atm}}\right) T_0$，其中 T_0 取 293 K。由此可知，噪声温度的大小取决于大气损耗 L_{atm}，前面已经介绍了大气损耗 L_{atm}（dB）在工程设计中一般取 0.5 dB。因此 T_3 一般取 32 K。

当地面测控天线低仰角工作时，需要考虑地面噪声的影响。实际工程中，T_4 一般可以控制在 3～20 K 范围内，而且噪声影响随频率增高而降低。

由于在测控站选址时，已经考虑到避免工业噪声的影响，因此在实际工程中，可以忽略 T_5 的影响。

目前地面测控站天线基本不应用天线罩结构。可以忽略 T_6 的影响。

假设天线效率为 η，天线损耗产生的噪声温度为 $T_7 = (1 - \eta)T_0$，其中 T_0 取 293 K。

② 内部噪声

内部噪声主要包括天线与接收机之间的馈线损耗引起的附加热噪声 T_8，以及接收机中线性或准线性部件放大器、变频器等产生的热噪声和散弹噪声 T_9。假设馈线损耗为 L_{rt}，则其产生的噪声温度

为 $T_8 = (L_{rt} - 1)T_0$，其中 T_0 取 293 K。由此可知，L_{rt} 越小，馈线损耗噪声温度越低，因此在系统设计中应尽可能减小 L_{rt}。内部噪声与所用元器件有关，一般用噪声系数 F_n 或等效噪声温度 T_9 参数来衡量，它们间的关系式为 $F_n = 1 + T_9/T_0(T_0 = 293$ K$)$。

不同的参考点，所得到的系统等效噪声温度不同，但是所得到的信噪比是相同的。例如，将参考点选择在馈线输入端，则等效噪声温度为

$$T = T_a + T_8 + L_{rt}T_9 = T_a + (L_{rt} - 1)T_0 + L_{rt}T_9 \quad (3-7)$$

将参考点选择在接收机的输入端，则等效噪声温度为

$$T = \frac{T_a}{L_{rt}} + \frac{T_8}{L_{rt}} + T_9 = \frac{T_a}{L_{rt}} + \left(1 - \frac{1}{L_{rt}}\right)T_0 + T_9 \quad (3-8)$$

3.3.5.3　最佳功率分配

在进行调制信号设计时，通常按副载波检测门限值进行功率分配。通信卫星测控一般采用微波统一载波测控体制，即在一个射频信号上调制若干个副载波。当分配的功率使得各副载波通道同时达到检测门限，可使发射功率得以充分利用，即为最佳功率分配。

微波统一载波测控体制中，各副载波对载波进行相位或频率调制，各副载波的调制指数确定之后，功率分配也就确定了。微波统一载波测控体制的信号可以写成如下形式

$$s(t) = A\cos\left[\omega_c t + \sum_{i=1}^{k} m_i \cos(\omega_i t + \phi_i)\right] \quad (3-9)$$

式中　A ——测控载波信号幅度；

　　　ω_c，ω_i ——测控载波、各副载波的角频率；

　　　m_i ——各副载波对测控载波的调制指数；

　　　ϕ_i ——各副载波的初始相位；

　　　k ——调制的副载波总数；

　　　i ——第 i 个副载波。

总的测控信号频谱中包括一系列离散谱线，各频谱分量的功率分别为

$$P = \frac{A^2}{2} \tag{3-10}$$

$$P_c = \frac{A^2}{2} \prod_{i=1}^{k} J_0^2(m_i) \tag{3-11}$$

$$P_j = 2 \times \frac{A^2}{2} J_1^2(m_j) \prod_{i=1, i \neq j}^{k} J_0^2(m_i) \tag{3-12}$$

$$r_c = \frac{P_c}{P} = \prod_{i=1}^{k} J_0^2(m_i) \tag{3-13}$$

$$r_j = \frac{P_j}{P} = 2 J_1^2(m_j) \prod_{i=1, i \neq j}^{k} J_0^2(m_i) \tag{3-14}$$

式中　P——测控信号总功率；

　　　P_c——测控载波功率；

　　　P_j——副载波功率；

　　　r_c，r_j——测控载波、副载波占总信号功率的百分比；

　　　m_i，m_j——各副载波对测控载波的调制指数；

　　　k——调制的副载波总数；

　　　i，j——第 i，j 个副载波；

　　　J——贝赛尔函数。

通信卫星的 C 频段统一载波测控系统典型的功率分配方案如下：

（1）遥控信号及调制频偏

码型为 PCM - NRZ - L，码速率为 1 000 bit/s，PSK 调制体制，8 kHz 副载波频率，对 C 频段载波进行频率调制，调制频偏为 ± 400 kHz。指令误码率小于 10^{-5}。

（2）遥测信号及调制指数

码型为 PCM - NRZ - L，码速率为 4096 bit/s，PSK 调制体制，副载波频率为 65.536 kHz，对 C 频段载波进行相位调制，遥测单独工作时，调制指数为 （$1.0 \pm 10\%$） rad；与测距信号同时工作时，调制指数为 （$0.7 \pm 10\%$） rad。

（3）测距信号及调制指数

上行测距音对载波进行频率调制，测距音包括：27.777 kHz 主测音和 15～30 kHz 范围内的副测音，调制频偏为 ±400 kHz。

下行测距音对载波进行相位调制，测距音为地面发送的测距音组。测距信号单独工作时，调制指数为 (1.0±10%) rad；与遥测信号同时工作时，测距调制指数为 (0.7±10%) rad。

3.3.6　测控天线

卫星测控天线的主要任务是与地面测控系统的天线一起建立一个满足增益和覆盖区域要求的、稳定可靠的无线电传输通道，保证星地无线测控信息的发射、接收与传输。具体地说，就是把带有各种测控信息的下行载波按要求由导行波转换为空间波发送至地面站；接收地面站向卫星发送的带有信息的上行载波，按要求把空间波转化为导行波送至测控接收机，完成星地测控信息的传输。测控天线主要涉及以下性能参数：

（1）传输功率

在信道计算中常用到 Friis 传输公式，它将发射天线增益 $[G_t(\theta,\phi)]$、接收天线增益 $[G_r(\theta',\phi')]$、发射功率 (P_t)、接收功率 (P_r) 以及收发间距离 (R) 联系起来，即

$$P_r = P_t G_t(\theta,\phi) G_r(\theta',\phi') \left(\frac{\lambda}{4\pi R}\right)^2 \qquad (3-15)$$

式中，$G_r(\theta',\phi')$ 是接收天线在 (θ',ϕ') 方向上的增益；$G_t(\theta,\phi)$ 是发射天线在 (θ,ϕ) 方向上的增益。

（2）辐射方向图

天线辐射（或接收）电磁能量的空间选择性称为天线辐射方向图，它是相对辐射场强的空间角分布函数。天线方向图一般是三维空间曲面图形，但在工程上常用二正交面上的剖面图来描述其方向性。一般将电场矢量与最大辐射方向构成的平面称为 E 面方向图。同样磁场矢量与最大辐射方向构成的平面称为 H 面方向图。根据表征的特性不同，方向图分为幅值方向图、相位方向图和极化方向图。

（3）天线增益

天线增益既表征了天线在某个特定方向上辐射能量的集中程度，

又表征了该天线的换能效率。在将导波场转换成空间辐射场的过程中部分能量被转换成辐射能量，其余部分在转换过程中被损耗。因此引入一个辐射效率 η，$G = \eta D$。

（4）工作频率与带宽

航天器天线的带宽要足够，以防止因周围环境变化天线谐振频率（中心频率）漂移而造成天线覆盖频带不够。但从抑制干扰和 EMC 设计的角度出发，带宽并不是越宽越好。在天线规定的工作带宽内，天线各项性能指标均应满足预定的要求。通常将满足天线方向图和阻抗特性要求的频率范围称为天线的带宽。

（5）方向性系数 D

天线方向性是用数字表示天线辐射能量在空间集中程度的量度。在相同辐射功率条件下，天线在给定方向辐射强度与平均辐射强度之比定义为天线方向性系数。辐射能量越集中，天线方向性就越高。对各向同性均匀辐射天线来说，其方向性一般规定为 1。

（6）辐射源的场区

电磁波的功率密度分布一般是距离和空间角度的函数。如果发射天线置于球坐标系原点，该天线向周围辐射电磁波，按照距天线距离可将天线周围场区分为感应场区、辐射近场区和辐射远场区。

感应场区是紧靠天线的区域。该区内电磁波感应场占优势，电场与磁场时间差 90°，无辐射功率，电、磁能量相互交替地储藏于天线附近的空间。

辐射近场区界于感应场区和辐射远场区之间。该区内天线辐射电磁场的空间角分布随距离而改变，它与辐射远场区的边界是 $R = 2D^2/\lambda$，其中 D 是天线口径。在 $R = 2D^2/\lambda$ 的距离上测试天线辐射特性与在无穷远处结果差别甚微，因此称该距离为远场距离标准。

当 $R \geqslant 2D^2/\lambda$ 时为辐射远场区，该区有以下特点：1）场的幅值与距离成反比；2）辐射场空间角分布不随距离而改变；3）方向图的主瓣、边瓣和零值点都已形成。

（7）天线品质因数 G/T 值

G 为天线增益；T 为天线温度，它不是天线的物理温度，而是天线噪声功率大小的表征。

（8）天线极化

在与波传播方向垂直的面内（极化平面）利用电场矢端所描绘的轨迹来定义电波的极化。电场矢量方向始终在一直线方向上变化，在一个周期内其矢端轨迹描绘出一条直线，这就是线极化波。如果经过一周期，电场矢端在极化平面上的投影为一个椭圆，便称其波为椭圆极化波。如果在与其传播方向垂直的平面内轨迹为一圆，则称为圆极化波。

一般地面测控站天线为圆极化，为尽量减小卫星与地面站信息传输过程中的射频能量损耗，要求卫星测控天线应有与地面站天线有相同旋向的圆极化。许多因素的限制在卫星上要获得在覆盖区内的理想广角圆极化是十分困难的。因此对极化特性往往用主极化（或极化旋向）和极化轴比来确定。一般小于极化轴比（或大于极化隔离度）的限定值即可；在估计地面站接收效果时，往往要求与地面站的同极化增益。为此在计算星载天线覆盖增益时应将极化损耗带来的增益损失扣除，或规定卫星天线覆盖增益为地面站天线同极化的增益电平。

（9）天线方向图

为保证任何情况下星地间测控无线链路的稳定可靠，一般要求航天器测控天线应有近全空间辐射方向图，满足地面测控网在卫星调姿、机动以及紧急情况下的测控需求。工程上对天线方向图空间覆盖的定义往往可用最小覆盖电平和盲区角域来限定。最小覆盖电平可根据信道链路计算确定，由此可确定卫星天线的增益电平。盲区定义为小于最小覆盖电平的空间角域。

由于受测控天线安装位置及天线视场的影响，对于星体较大的卫星而言，单副天线的配置无法满足要求，一般在卫星的对地面和背地面方向分别安装天线，并通过系统内部的功率合成和分配，形成一个较宽的收发波束。通信卫星全向测控天线的典型波束角如图 3-6 所示。

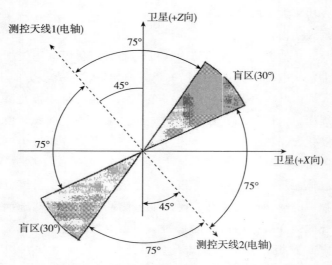

图 3-6　通信卫星全向测控天线典型波束角

从优化设计的角度考虑，同步轨道卫星一般在发射上升段及转移轨道段卫星测控天线也多采用近全空间覆盖；在轨正常飞行时，测控借用转发器通信天线，其方向图及覆盖要求同有效载荷天线。

3.3.7　多普勒频移

在飞行过程中，卫星与地面测控系统间存在多普勒频移效应。卫星测控应答机的捕获范围、跟踪范围、跟踪速率应满足多普勒频移的变化范围和变化率。对于通信卫星测控分系统来讲，以下典型数据可以作为参考：

在发射阶段，卫星飞行速度为 $4\sim6$ km/s，此时最大多普勒频移约为 ±120 kHz，最大多普勒频移变化率为 4 000 Hz/s。

星箭分离时，卫星最大多普勒频移为 ±195 kHz，最大多普勒频移变化率为 8 000 Hz/s。

在转移轨道段，卫星最大多普勒频移为 ±120 kHz，最大多普勒频移变化率为 450 Hz/s。

卫星定点后，多普勒频移主要由倾角引起，一般 C 频段最大多普勒频移为±40Hz，最大多普勒频移变化率为 0.003 Hz/s。

3.4　通信卫星星载数据管理分系统设计技术

通信卫星的数据管理分系统可以看成是一个空间的网络系统，要使其正常运行，需要星载计算机技术、嵌入式实时多任务操作系统技术和总线技术来支持。

3.4.1　星载计算机技术

星载计算机系统是指在卫星上运行的，用于完成各种控制、通信和数据处理的计算机系统。星载计算机技术可以说是数管分系统的基础，无论数管分系统的中央单元还是远置单元都是以星载计算机技术为核心的设备。其产品设计的合理性、可靠性和安全性关系到卫星的控制和信息处理能力。

星载计算机的核心是中央处理器（CPU）。通信卫星数管分系统的中央单元和远置单元依据其各自实现功能的不同，选择不同的处理器。中央单元作为数管分系统的主控计算机，要求具有较高的计算处理能力，其核心要选用高性能的宇航级 CPU。远置单元的主要任务是指令的终端输出和遥测的终端采集，一般可以选用单片机作为 CPU。

由于星载计算机系统处在充满高能粒子和宇宙射线的环境中，大规模的集成电路更易受到复杂空间环境的影响，因此高性能、高可靠、抗辐照宇航级 CPU 是构造星载计算机系统的关键。作为中央单元的 CPU，至少需要采用 32 位处理器，同时芯片内部支持浮点运算，并且支持内存操作的错误检测和纠正功能（EDAC），能对 32 位数据线进行纠一位错和检二位错。

目前，星载计算机系统通常用双机备份或多机备份等方法和手段来减小出现故障的概率，采用整机备份方式使系统在出现故障的情况下仍然能够完成既定任务，从而提高可靠性。

3.4.2 嵌入式实时多任务操作系统技术

嵌入式操作系统是嵌入到中央处理器内的操作系统，负责全部软、硬件资源的分配、调度工作，控制并协调各种并发活动。嵌入式操作系统能够明确每一个系统服务运行所需的最长时间，能够在边界时间内提供所需级别服务，保证特定任务在指定时间内完成。同时，它具有可裁剪、低资源占用、微内核等特点。

宇航操作系统通过对硬件操作进行封装，为内核层、接口管理层以及用户本身的应用层提供一个高可靠性的虚拟机：内核层提供数管分系统自身任务需求定制的（包括线程管理、任务通信、中断管理、内存管理、时钟管理五大功能在内的）最小操作系统功能集合；操作系统的接口管理层通过对内核提供的五大功能进行封装而形成系统应用程序编程接口（API），提供给应用软件进行系统的调度运行和外部事件的激励响应。

宇航操作系统采用了静态的内存分配策略、单一的任务调度策略、单一的消息传送机制、存储器自检测和自主替换等方法，提高了操作系统的可靠性。

宇航操作系统采用了分层的设计思想，包括三层结构：板级支持包（BSP）、微内核和接口管理器。其体系结构如图 3-7 所示。

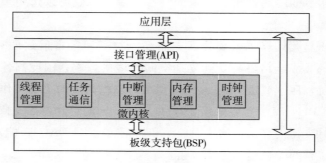

图 3-7　宇航操作系统分层设计结构

板级支持包（BSP）为硬件平台上的应用系统提供服务和支持。这些服务和支持功能包括硬件初始化、内存检测和初始化。BSP 支持处理器复位和初始化，以及必要的时钟报时服务等，并且隐藏硬件（CPU、I/O 接口以及中断控制器等）的相关细节。

内核实现最基本的操作系统元素，包括对中断和异常做出的反应，低级同步，上下文环境的切换以及通用资源管理等。

接口管理的主要目标是实现类似接口管理（API）的系统服务，对应内核的五大接口模块进行封装，提供给应用层使用。

3.4.3　总线技术

总线技术是完成整个系统信息处理与传输的基础，通过星载总线网络将星上电子设备相互连接，实现卫星内部信息资源的共享与综合利用。

卫星上的总线可以分为多级，通常一级总线贯穿整个卫星的主干通信通道，它可以连接不同分系统和不同设备。根据卫星的不同任务，可在一级总线之下设置二级总线，用于与服务的终端设备进行指令和遥测信息交换。总线的选型需要根据通信方式、通信数据量和通信周期等需求进行综合考虑，在满足设计要求的前提下，选择通用和经过验证的标准总线。

目前，国内外通信卫星上应用的主流数据总线包括以 1553B 为代表的低速总线和以 IEEE1394 和 SpaceWire 为代表的高速总线。SpaceWire 是 ESA 联合欧洲空间公司和学术界共同制定的面向航天应用的新型高速数据总线标准。由于 SpaceWire 总线具有高速（全双工传输速率为 2～200 Mbit/s）、简单灵活、协议开放的特点，目前已成为 ESA 和 NASA 推荐的新一代星载数据总线。我国通信卫星上常用的数据总线有 1553B 总线、RS422 接口和 CSB 总线等。

3.5　通信卫星星载综合电子分系统设计技术

卫星平台电子系统的先进性在一定程度上代表了卫星平台的先

进性。随着通信卫星平台载荷容量的增大及功能的扩展，对星载电子系统提出了高性能、高可靠、智能化、集成化、小型化、产品化等要求。目前，通信卫星平台已经普遍采用了"综合电子"的设计理念，综合电子分系统的主要任务涵盖了数据处理、星务管理、供配电管理、自主故障处理等，在卫星信息流控制和管理控制中起着核心作用，是卫星实施自主管理和控制的智能化系统，也是卫星与地面、卫星与卫星之间通信管理的桥梁。

综合电子分系统以一个中心管理单元为核心，综合业务单元为远置测控、配电及接口终端，通过 1553B 总线相连，构建了一套分布式网络系统，提供标准的总线接口与电气接口，实现卫星平台遥测参数采集、遥控指令输出、一次配电、火工品管理、天线控制、载荷控制、能源控制、温度控制、敏感器接口、执行机构接口等综合服务功能。

综合电子分系统具有以下特点：

1) 在分布式系统中，提供标准的电气接口形式，标准的总线网络通信模式，使平台具有较强的适应性和扩展性。

2) 按照模块化设计思想，开发了不同类型与功能的标准化模块，并统一了各模块之间的电气接口与机械接口，易于实现设备功能的扩展，加快了平台产品化、标准化、通用化的进程。

3) 突破星载自主故障诊断、故障隔离与故障恢复技术，提升卫星平台系统智能化水平。

4) 中心管理单元采用了高可靠三模冗余架构设计方法，突破了星载抗辐照大规模集成电路设计技术，大量使用了国产抗辐照集成电路，牵引了宇航级微电子技术的发展。

5) 通过平台电子设备的高度集成，实现了单机设备数量与质量的精减，并极大地减小了电缆网的数量和质量。同时，用于卫星测试的时间和经费大幅减少，平台经济效益显著提高。

3.5.1　系统总线网络架构设计技术

综合电子分系统总线网络是综合电子分系统的信息传输关键，

通过数据总线网络，实现分布式的数据采集及指令输出、集中式运算与控制，从而提高系统处理的效率。

综合电子系统设计了一级、二级数据总线网络，该网络具有层次分明、系统架构简明的特点。

（1）一级总线网络

中心管理单元作为 1553B 总线的控制者（BC），发起总线的通信，综合业务单元作为远程终端（RT）。由 1553B 总线实现，通过中心管理单元的 1553B 总线控制功能，提供与各平台关键单机的数据共享、数据传输的服务，1553B 总线提供高可靠的总线通信通路和容错机制，并为潜在用户接入总线网络提供标准的接口。

（2）二级总线网络

二级总线选用低速率、高可靠、低成本的自定义通信协议，新型卫星平台为此开发了标准的总线接口芯片，由"总线接口转换模块"实现一级总线与二级总线之间的桥接，"总线接口转换模块"作为二级总线的总线控制器，各功能模块、电源控制装置、锂电池接口管理单元、敏感器、执行机构、载荷设备等作为二级总线的远程终端，实现遥测数据的传输、遥控指令的发送等总线通信功能。二级总线设计为主备两条总线，且为热备份设计。

3.5.2　单机的模块化设计技术

在综合业务单元研制过程中，将测控单元、配电器、火工品管理器、开关线路盒等单机的功能通过优化整合后，采用了模块化设计思想，由总线接口转换模块、模拟量采集模块、配电模块、火工品管理模块、矩阵指令模块、矩阵遥测模块等来实现。

各模块之间采用统一机械接口，设备内部信息传输通过底板的标准二级总线接口实现，从而既能够保证设备易于模块化集成、组装、调试，又可实现不同功能模块的灵活互换，同时还易于实现设备功能的扩展。

采用模块化设计后，将单机设备的研制流程转化为"功能模块研制""单机设备集成"两个流程，极大地缩短了电子设备的研制周期，加快了平台产品化的进程。

3.5.3　安全技术

卫星综合电子分系统数据安全技术研究涉及多个方面的内容。

（1）空间数据系统信息安全框架研究

在单星、单任务空间信息安全技术应用的基础上，研究空间网络环境下信息安全的保证机制，建立统一、规范的符合国家密码管理政策的空间信息安全框架，满足空间信息获取、空间信息分发传输、时空定位以及空间基础设施、科学探测与实验、深空探测、载人航天等不同航天任务对空间数据系统信息安全的需求；研究多颗卫星（包括星座）、多种任务类型、不同测控体制和长寿命卫星情况下的数据机密性、完整性、数据来源认证和访问控制机制。

（2）信息鉴别、认证和可控性技术研究

在多星、多用户、多体制环境下实现对卫星测控、有效载荷信息的实时鉴别、认证和控制，实现不同用户间的保密分割以及对空间数据系统业务的授权管理。

（3）密钥管理技术研究

研究适用于多颗卫星（包括星座）、多种任务类型、不同测控体制和长寿命卫星的密钥产生、分发、使用和销毁技术，研究用于密钥传输的第二安全信道技术，保证密钥管理安全有效。

（4）数据加密技术研究

进行高码速率条件下数据加密、解密的关键技术研究，保证空间数据系统信息的保密传输。

（5）信息安全专用芯片设计技术

研究适用于航天任务的信息安全专用芯片，用以替代进口FPGA芯片，确保空间信息安全技术的可靠实现。

（6）适用于航天任务的数据加密算法研究

研究适用于航天任务的分组加密算法、序列加密算法和公开密钥加密算法。

（7）入侵检测技术研究

研究对空间数据系统的各种非法入侵的检测方法，实时发现对系统的非法入侵，为信息对抗措施提供依据。

3.5.4　故障检测、隔离与恢复（FDIR）技术

随着航天技术的发展以及在轨运行卫星数量的不断增加，为确保卫星的安全稳定运行，及时发现故障、处理故障，已成为卫星在轨管理的重点。为了保证卫星的各种电子设备、分系统运行正常，传统的卫星需要将各种状态数据通过下行链路传输到地面站，由地面工作人员确定卫星是否运行正常，并在出现故障的情况下及时制订详细的飞行指令序列，通过上行遥控链路传输到卫星。而新一代通信卫星平台自主故障管理的目标是实现不依赖外界的信息注入和控制，或者尽量少地依赖外界控制而能准确地感知自身的状态和外部环境，并能够根据这些信息自主地检测故障、进行故障隔离与恢复，保证卫星的安全。

FDIR 是综合电子分系统的一项重要功能，包括故障检测、故障隔离和功能恢复三个过程，卫星的大部分故障检测、故障隔离和功能恢复策略是通过星载计算机软件完成的，系统自主的冗余备份是星载计算机设计的重点，对于新一代高轨通信卫星的自主健康管理具有重要的意义。

（1）故障检测

故障检测是发现故障并确定故障是否发生的过程。故障检测判据的选取是在系统设计时考虑并确定的，并制订相应的处理措施。

故障检测通常是对采集的遥测信息、通信数据信息进行处理分析，根据当时的工作状态，与相应的正常值或期望值进行比对。故障检测可通过在通信数据中设置检错码、检测设备的特征遥测和检测处理器看门狗电路狗咬状态等方法来实现。

（2）故障隔离

故障隔离是通过故障检测定位故障的具体位置后，限制故障传播的过程。故障隔离是利用冗余部件替换来隔离故障的影响，防止失效部件影响系统或设备的正常运行。

实现故障隔离需要在设备可靠性设计时对功能模块进行有效规划，对数据流程进行细致梳理，针对可能的严重故障模式确定规避的路径，在故障出现后进行屏蔽。计算机系统通常采用模块级冗余设计，例如随机存储器（RAM）的分区冗余设计，在计算机上电检测到 RAM 故障时，通过地址选择来隔离、规避出错的 RAM 分区。

（3）功能恢复

功能恢复是指使失效或受损部件和设备恢复到可接受的工作状态的过程。在确定系统的故障位置后，通过软件和硬件重新配置，实现满足系统需求的功能。功能恢复是预先设计好的，并根据预期的故障工况测试验证，但是对于预料外故障的功能恢复则通常需要地面介入进行判断和处理。

功能恢复主要有备份切换、交叉重组、降级等手段。备份切换是利用冗余备份的模块来替换失效的工作模块，是最常用的功能恢复方法，通过 1553B 总线工作设置就能实现自主的总线主备切换。交叉重组是一种更为有效的重组技术，可以将故障控制在较小的区域，充分利用健康无故障的部件。降级指的是当系统的部件失效后没有可以替换冗余备份，在这种情况下为保证系统整体的安全性，通过模式重新设置，使系统的功能和性能降级。

综合电子分系统提供卫星系统级的故障检测和恢复，保证卫星具备从设定的任意失效模式中恢复的能力，并正确地执行任务。综合电子系统的故障检测、隔离与恢复功能主要包括：

1）实施对引起卫星任务中断及性能降级的部件故障检测；

2）通过硬件电路的特殊设计，确保故障电路完全隔离，禁止故障的蔓延与延伸；

3）通过卫星部件的故障配置切换至冗余配置，实施系统功能的恢复；

　　4）建立并存储故障对策和故障处理规则；

　　5）周期性地存储关键数据及星载软件运行过程中的重要信息，保证故障后的恢复或系统重启后卫星任务的连续执行；

　　6）提供系统安全模式，依据故障的等级实施任务的降级运行或进入安全模式；

　　故障检测和修复功能由中心管理单元的硬件电路及其星载软件保障和实施。星载软件提供了错误检测服务和错误修复服务，该服务通过输入参数的配置具备自定制能力。

3.5.5　抗辐照专用集成电路技术

　　专用集成电路作为综合电子分系统器件的一个重要部分，对综合电子分系统的集成化、小型化、系列化、低功耗起到了关键作用，同时能提高综合电子分系统的可靠性、可维修性和可扩展性。目前，国外知名的宇航公司均有其自主设计的专用集成电路芯片，并已广泛运用于通信卫星平台。

　　在国产新一代通信卫星平台综合电子分系统的研制过程中，立足于国内现有的抗辐射加固技术，成功研制了多款具有自主知识产权的抗辐照专用集成电路/混合集成电路，主要应用于总线接口、串行通信、指令驱动、数据采集、直流—直流模块等领域，大大减小了单机的质量与体积，提高了可靠性，优化了综合电子分系统的信息流。

3.5.6　矩阵式指令驱动电路技术

　　随着载荷容量的增加，单指令驱动电路的质量与体积已经严重制约了平台电子系统的设计，若采取矩阵式驱动电路实现，则可以极大地精简电路数量、体积与功耗。矩阵指令驱动电路的显著优点是节省驱动电路、减小电缆网的质量。在使用了大功率 MOS 管的情况下，矩阵式指令可以直接驱动射频开关、继电器等高功率负载设备。

综合电子系统设计了高可靠矩阵式驱动线路，包括主、备份驱动电路，且采用特殊的故障隔离设计方案，提高了矩阵式驱动电路的安全性与可靠性。

3.5.7　矩阵式开关状态采集电路技术

对于开关状态量的测量，目前广泛使用单通道状态测量方法，由一个高电平信号接到开关的一侧，将开关的另一侧接地，同时接入测量电路，通过捕获测量电路输入端的信号电平，来判读开关状态是导通或者断开。此方法原理简单，但随着通信卫星载荷容量的日益增大，开关数量急剧增加，单通道测量电路带来的元器件、电缆网负担使卫星平台电子系统难以承受。

综合电子系统采用先进的矩阵式开关状态测量电路，包括电路结构完全相同的主、备份两套电路，采用特殊的隔离设计方案，使主、备份电路都可以测量开关的导通状态。在主份电路或备份电路任何一侧故障状态下，均能可靠地测量被测开关的导通状态，提高了矩阵式开关状态采集电路的安全性与可靠性。

第 4 章　通信卫星信息系统设计方法

4.1　通信卫星信息系统设计流程

4.1.1　工作流程

4.1.1.1　流程介绍

通信卫星信息系统设计专业工作流程如图 4-1 所示。

4.1.1.2　流程设计要求

通信卫星信息系统设计技术流程，用于确保通信卫星信息系统设计工作的顺利开展，指导设计人员完成通信卫星信息系统设计工作。

1）技术流程设计需要明确任务中通信卫星信息系统设计工作的业务内容；

2）明确与测控总体人员的工作界面，定义输入输出接口。

4.1.2　任务接口

4.1.2.1　卫星总体层面

通信卫星信息系统设计专业在卫星总体层面的工作，是在项目办的组织、协调下，由型号信息系统总体牵头开展的，主要工作内容是为型号开展信息系统设计工作提供必要的依据条件。卫星总体层面的工作接口说明如下：

1）通信卫星信息系统设计师负责根据产品配套信息和产品序号编制规则，形成产品结构树；

2）通信卫星信息系统设计师负责设备接口数据表单签署，并监

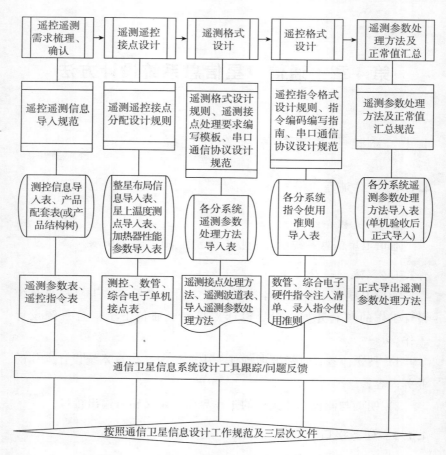

图 4-1　通信卫星信息系统设计专业工作流程

督各分系统按照规范和模板要求提供遥测、遥控参数的基本信息；

　　3）通信卫星信息系统设计师负责对遥测、遥控参数基本信息的继承性进行分析，分析结果供相关设计师参考；

　　4）通信卫星信息系统设计师负责与总装、热控总体设计师沟通，确定卫星设备的星上布局和卫星温度测点基本信息；

　　5）通信卫星信息系统设计师负责完成遥测、遥控信息需求分析工作，并将分析结果反馈型号测控总体设计师。

4.1.2.2　卫星分系统层面

通信卫星信息系统设计专业在卫星分系统层面的工作，由通信卫星信息系统设计师负责组织开展，主要工作内容是由各分系统设计师提供遥测、遥控基本信息，通信卫星信息系统设计师开展设计工作，并提供接点设计结果，用于卫星电缆网设计。卫星分系统层面的工作接口说明如下：

1）各分系统设计师负责根据规范和模板要求，提供分系统遥测、遥控参数基本信息；

2）通信卫星信息系统设计师负责为型号各分系统设计师提供遥测、遥控参数的基本信息工作提供必要的指导；

3）通信卫星信息系统设计师负责将设计好的接点表文件提供卫星总体电路设计师，用于卫星电缆网设计。必要时，根据总体电路设计师意见，对接点表设计进行调整。

4.1.2.3　测控信息应用层面

通信卫星信息系统设计专业在测控信息应用层面的工作，由通信卫星信息系统设计师负责组织开展，主要工作内容是确定与各应用单位的通信协议，并遵照协议要求提供输出文件。测控信息应用层面的工作接口说明如下：

1）通信卫星信息系统设计师负责与各测控信息应用单位（包括卫星 AIT 中心、地面测控系统、卫星用户和卫星长期管理中心等）制定信息交互的通信协议。

2）通信卫星信息系统设计师负责向各测控信息应用单位提供满足规范和通信协议要求的输出文件。

4.1.2.4　工具管理与信息维护层面

通信卫星信息系统设计专业在工具管理与信息维护层面的工作，由通信卫星信息系统设计师负责，工作接口说明如下：

1）通信卫星信息系统设计师负责提出通信卫星信息系统设计平台的开发与维护需求；

2）通信卫星信息系统设计师负责通信卫星信息系统设计平台开发与维护过程的监督；

3）通信卫星信息系统设计师负责通信卫星信息系统设计平台内信息的管理与维护；

4）工具开发商负责根据要求完成通信卫星信息系统设计平台的开发与维护，并提供技术支持工作。

4.2　通信卫星信息系统设计内容及方法

4.2.1　测控需求梳理

4.2.1.1　概述

需求统计与分析工作指在卫星初期设计阶段，通信卫星信息系统设计师对卫星的各类遥测数目、指令数目、信息流通道等信息的需求和容量进行统计和余量分析，根据统计分析结果，通信卫星信息系统设计师可以得出卫星测控信息资源的使用情况，经过与总体、分系统设计师协商后，可以对需求和容量进行调整，或对所使用的遥测参数采集设备或遥控指令发送设备进行调整。测控需求分析工作需要多轮迭代，最终完成相关的遥测遥控需求分析报告，指导后续设备数据表单的签署及测控分系统、数管分系统、综合电子分系统设备单机接点分配表等文件的编写。

4.2.1.2　需求统计与分析

对卫星各分系统、单机的遥测、指令信息及信息流端口的需求进行统计，统计主要是从遥测源端、指令用户端、总线远置终端（Remote Terminal）等信息的角度进行统计。考虑到当前某些分系统的产品配套或需求不能完全明确，因此输入信息可能存在下列形式：

（1）对于第一类统计对象

第一类统计对象指的是涉及设备硬件接点分配的遥测、指令信息，一般称为"硬件信息"。

对于该类卫星信息，通信卫星信息系统设计师需要与设备负责人（单机设计师）沟通确认后，统计该设备所属的卫星舱段信息，以及该设备上遥测参数的预期采集设备和遥控指令的预期发送设备。

（2）对于第二类统计对象

第二类统计对象指的是涉及设备信息流通道分配的基本信息。

目前信息系统设计平台先完成该类对象中的总线类端口（CSB、RS422、1553B 端口）的需求分析。对于该类信息，通信卫星信息系统设计师需要与设备负责人（单机设计师）沟通确认后，统计对应设备上相关信息流通道信息，并按设备所属的不同舱段进行划分。

4.2.1.3　容量统计

针对前述的两类统计对象，容量统计也分为两类。

一类是涉及硬件接点分配的容量统计。对数据管理架构下的中心遥测、中心遥控、测控单元，综合电子架构下的遥测遥控单元、平台和载荷综合业务单元各模块等，所能提供的遥测采集和指令发送能力进行统计，这些单机或模块的设计已定型，根据卫星测控分系统、数管分系统、综合电子分系统的配置以及各系统中设备的遥测采集与指令发送能力，可以很快计算出卫星星上遥测遥控信息的采集与发送容量。

另一类是涉及卫星所能提供的信息流通道的容量统计。总线类通道的容量受限于总线特性，RS422 端口、比例指令、数字量端口的需求则受限于单机设计，该容量也与卫星测控分系统、数管分系统、综合电子分系统的配置以及各系统中设备的采集与发送能力相关。

4.2.1.4　需求和容量匹配分析

需求和容量的匹配分析工作是对每一类统计对象，将需求和容量做减法，得出容量是否满足需求，余量有多少，因此实现该部分功能的关键是将减法中的减数和被减数一一对应起来。

（1）对于第一类统计对象

在需求、容量统计情况均已录入的基础上，对匹配规则未进行任何设定的情况下，信息系统设计平台默认按照以下规则对各舱段的遥测、指令进行匹配计算。计算方法如下：

1）某舱段中某类遥测或指令的容量＝本舱段中所有采集/发送设备的该类遥测或指令的容量之和；

2）某舱段中某类遥测或指令的需求＝本舱段中所有设备的该类遥测或指令的需求之和－设备在本舱段但采集/发送设备不在本舱段的该类遥测或指令之和＋设备不在本舱段（设备舱段可以为"其他"）但采集/发送设备在本舱段的该类遥测或指令之和；

3）某舱段中某类遥测或指令的余量＝本舱段中该类遥测或指令的容量－需求；

4）某舱段中某类遥测或指令的跨舱＝设备不在本舱段（设备舱段可能为"其他"）但采集/发送设备在本舱段的该类遥测或指令之和；

5）某类遥测或指令的未分配＝所在舱段中没有采集/发送设备的且未分配采集/发送设备的该类遥测或指令之和（注意，按照其所属舱段分别统计）；

6）对于采集设备，存在一类接点，其类型为温度量/模拟量，该类接点既可以采集模拟量，也可以采集温度量，在未设定规则的情况下，对于该类接点仅统计其容量数目，对应的需求数目默认为0，即默认不占用该类参数容量。

对匹配规则未进行任何设定的情况下，信息系统设计平台默认按照以下规则对各采集/发送设备的遥测、指令进行匹配计算：

1）某采集/发送设备的某类遥测或指令的容量＝该采集/发送设备的该类遥测或指令的容量之和；

2）某采集/发送设备的某类遥测或指令的需求＝采集/发送设备为该设备的所有遥测或指令之和；

3）某采集/发送设备的某类遥测或指令的余量＝容量－需求；

4) 某采集/发送设备的某类遥测或指令的跨舱＝设备不在该采集/发送设备所在舱段（设备舱段可以为"其他"）的该类遥测或指令之和；

5) 某采集/发送设备的某类遥测或指令的空点率＝0（余量≤0）或余量/容量（余量＞0）；

6) 某类遥测或指令的未分配＝设备中未分配采集/发送设备的该类遥测或指令之和；

7) 对于采集设备，存在一类接点，其类型为温度量/模拟量，该类接点既可以采集模拟量，也可以采集温度量，在未设定规则的情况下，对于该类接点仅统计其容量数目，对应的需求数目默认为0，即默认不占用该类参数容量。

（2）对于第二类统计对象

每条信息流通道（如 1553B 总线、RS422 串口）都有其通道类型，在进行信息流通道类的单元配置时进行定义，产品配套中卫星的每条信息流通道都需要选定其通道类型。

通常情况下，每类信息流通道提供的端口有且仅有一类，可以挂载一个或多个含有该端口类型的设备。

1) 某舱段中某类端口的容量＝本舱段中所有信息流通道的该类端口的容量之和；

2) 某舱段中某类端口的需求＝本舱段中所有设备的该类端口的需求之和；

3) 某舱段中某类端口的余量＝容量－需求；

4) 某类端口的未分配＝设备所属舱段中无信息流通道的该类端口的需求之和。

4.2.2　设备数据表单签署

设备数据表单是设备机、电、热、信息等多项属性的汇总集合，表征了该设备的多项性能指标以及设备构造。设备数据表单由设备负责人（单机设计师）编制汇总后，由包括通信卫星信息系统设计师在内的多位总体设计师对其表单填写内容进行审核与批准。

通信卫星信息系统设计师需要对卫星所有包含遥测遥控信息的设备的数据表单进行审查和签署。

设备的数据表单审查的原则：

1）在数据表单审查过程中执行《卫星设计与建造规范》的要求。

2）通信卫星信息系统设计师审查数据表单中与信息相关的内容时，按相关规定执行。

3）通信卫星信息系统设计师审查数据表单中与信息相关的内容时，还应：

· 如果条件允许，星上的电连接器应根据信号类别分开；若条件不允许，不同类别的信号使用同一电连接器时，接点的分配要考虑它们之间的隔离；

· 功率线正负端接点间应至少间隔一个采集点的距离；

· 星上电缆网所有电连接器的接点不并接，如有并线要求，应在仪器内部并线解决；

· 传输同一内容的线缆两端的接点数如果不一致，引出导线数应与接点少的一端相同，接点多的一端的仪器内部应采取并线措施；

· 主备功能电路的接点分别从不同接插件引出；

· 对于供电接点应采用双点双线设计。

4.2.3 信息系统设计

4.2.3.1 概述

设计研制阶段是卫星研制全周期的关键阶段，其设计结果将直接影响卫星星上遥测遥控资源分配以及在轨故障排查的快捷程度。

信息系统设计，在很大程度上是针对卫星各分系统的遥测遥控信息进行分配与操作的，所以在数据签署完成之后，设计师需要收集各分系统遥测参数与遥控指令信息，作为后续设计的依据和基础。

在卫星信息系统设计中，设计工作主要包括对星上遥测遥控信息测点的设计，卫星遥控指令格式以及各类指令编码的设计，卫星遥测格式以及各类遥测参数波道位置信息的设计。其设计结果需要将遥测遥控信息作为基本依据，融合仪器设备布局信息、卫星星上温度测点信息等多种信息，在设计过程中不断迭代，最终达到最优的设计目的。

4.2.3.2　遥测遥控信息测点设计

遥测遥控信息测点设计，主要是在收集完成卫星完整的遥测参数与遥控指令信息后，针对需要进行设计的硬件遥测与硬件指令信息进行测点设计工作，同时需要结合仪器设备布局信息、卫星星上温度测点信息等多种信息，对设计结果不断优化。

遥测遥控信息测点设计工作，从目前工程研制阶段来看，按照不同的设计对象，大致可以分为两类：遥测遥控常规电缆测点设计和遥测遥控矩阵电缆测点设计。下面简单对上述两种不同测点设计工作进行介绍。

4.2.3.2.1　遥测遥控常规电缆测点设计

遥测遥控常规电缆测点设计，主要涉及的设计对象是传统卫星的硬件遥测遥控信息，如模拟量、温度量、离散指令等。

（1）遥测遥控常规电缆测点设计流程

由图 4 - 2 可见，测点设计工作需要结合多方面信息，同时，设计过程需要多次迭代，最终才能得到最优设计结果。（"●"表示接点分配初排会影响到仪器设备布局的正式信息，并非串行关系。）

（2）遥测遥控常规电缆测点设计原则

1）确保信号传输的正确性、完整性；

2）对于卫星平台相似或者相同的卫星，在设计测点时，可以适当考虑其测点设计的继承性；

3）按照卫星布局，尽量秉持"最短距离"的最优原则，即遥测遥控信号由同舱段的测控设备负责，以尽量减少跨舱电缆；

4）同一设备的同类信号，或设备位置相近的同类信号尽量排在同一个接插件上，尽量避免分支过多的情况；

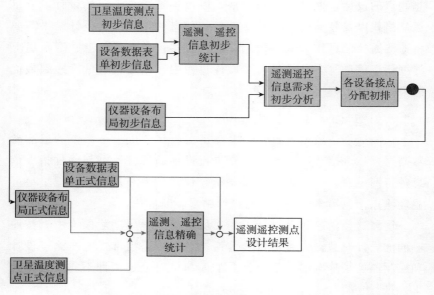

图 4-2 遥测遥控常规电缆测点设计流程

5）接点分配要综合考虑信号与回线的数量匹配，在安排好信号的同时，确保回线的数量和分配；

6）注意遥测测点本身的属性，对于温度量与双电平量这类有特殊需求的测点，应该对号入座，以避免出现测点与信号测点不符的问题；

7）应严格根据数据表中定义的参数类型进行接点分配，不能望文生义；

8）信号回线尽量和信号安排在一个接插件上；

9）单机设备的二次电源地用于连接卫星结构地，不应与星上其他设备信号连接；

10）单机设备的屏蔽地（有的也称机壳地）用于连接单机设备机壳上的接地桩，不应与星上其他设备信号连接。

4.2.3.2.2 遥测遥控矩阵电缆测点设计

遥测遥控矩阵电缆测点设计，主要涉及的设计对象是矩阵遥测遥控测点，如矩阵遥测、矩阵指令等。

（1）矩阵遥测遥控测点分配设计流程

图 4 - 3 为信息系统设计平台矩阵接点设计功能使用流程。

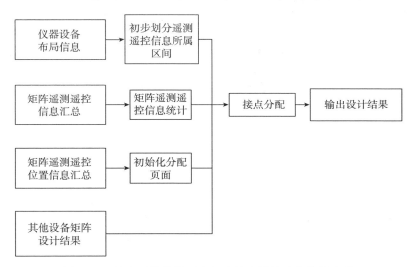

图 4 - 3　信息系统设计平台矩阵接点设计功能使用流程

（2）矩阵测点设计原则

①电接口特性原则

本节对矩阵式指令接口电路的指令驱动端和指令负载端分别进行说明。以一个 4×4 的矩阵式驱动电路（指令驱动端）为例，通过 4 根行（高电平端）控制线和 4 根列（低电平端）控制线来控制 16 个负载的工作。当某条指令需要对某一设备进行控制时，需要同时接通该指令所对应的行开关和列开关，此时矩阵式驱动电路为对应的负载设备建立了由电源到地的供电回路，从而驱动负载动作。而其他设备由于与之相连的行开关和列开关没有同时接通，没有建立供电回路，因此负载不会产生动作。由此，通过行和列的组合控制，可以实现矩阵式指令的输出控制。

采用菊花链的矩阵连接方式，按照上述原理，提供 $m \times n$ 条离散指令的输出只需要送出 m 行、n 列共 $m+n$ 根控制线。考虑到备份电路，则共需要 $2(m+n)$ 根控制线。当 $2(m+n)<(m\times n)$ 时，与传统指令电路相比，矩阵式驱动电路可以减少控制线的数量，指令数量越多，优势越明显。类似地，矩阵式遥测采集电路也是通过行和列控制线来完成负载的遥测轮流采集的。

假设一台指令负载端设备具有 9 个矩阵指令，分别由 3 条行控制线和 3 条列控制线完成指令控制，则其接口等效拓扑模型如图 4 - 4 所示。

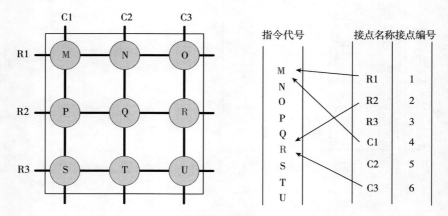

图 4 - 4　负载端设备矩阵指令等效拓扑模型

其中，9 个指令代号分别为 M 到 U，接口电连接器上的接点名称分别为 R1、R2、R3、C1、C2、C3，对应的接点编号为 1～6 点，R 为行控制点，C 为列控制点。

已知，通过接口电路可以判断指令驱动端设备与该负载设备的 R1（1 点）和 C1（4 点）相连后可以形成控制回路完成指令 M 的驱动，同理 R1、C2 为驱动指令 N 的相关接点。

同理，对于指令驱动端设备而言，也可以建立一个等效模型。

假设一台指令驱动设备具有 4 行 5 列，理论驱动容量为 $4\times 5=20$ 条。每一个被驱动量都必须由行和列共同控制，图 4 - 5 左侧为驱动端设备，通过 R1 和 C2 两个点可完成指令 b 的驱动，通过 R2 和

C3 可完成指令 h 的驱动。

根据接点分配原理，可以通过拓扑模型将建立接点物理映射关系的工作转化为模型之间的虚拟映射，如图 4-5 所示，右侧负载端设备的 3×3 小矩阵应按照相互之间的关系，"镶嵌"到指令发送设备矩阵块中，被驱动点 M 与驱动点 b 建立对应关系，N 与 c 建立对应关系；又如，右图中 M、P、S 为共列（共用 C1′ 列），则"镶嵌"到左侧驱动模块中时对应的位置也必须为共列。

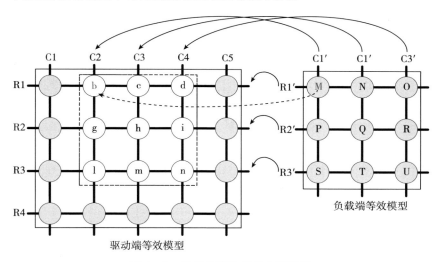

图 4-5　基于模型的接点分配映射

通过接口建模，可以将物理边界条件转化为模型与模型间的边界条件，并经过图形化处理，进行直观的展示。

②分区原则

为了减少电缆穿舱和跨板情况的发生，可以将所有矩阵设备按照遍历顺序分区进行区域细分，如分为南板、南隔板、北板、北隔板和对地板设备等。在分配时，尽可能地将同一区域设备的矩阵信息分配给相同的矩阵驱动端模块。在同一模块内分配时，矩阵负载端设备的实际物理位置对在驱动端模块内分配的虚拟位置（即占用哪些行和列）没有影响。当同一区域设备矩阵由于模块容量或者其他原因被分配给两个不同模块时，需要考虑布局因素，这时还可以对原有分区进行细分，北板南板还可以细分为＋X区和－X区，设备所在区域查阅矩阵设备遍历顺序表。因此，分区对矩阵接点分配结果的影响取决于矩阵模块的分配方式。

③电缆长度优化原则

电缆长度是指所有矩阵信号（包括矩阵遥测、矩阵指令）相关的电缆的总长度，如容量 $m \times n$ 的矩阵模块，若采用 D 型端子从主束上引出分支的矩阵连接方式，如果该模块用满，则主束上的线缆数量为 $m+n$ 根，则总长度＝主束电缆长×（$m+n$）＋各分支电缆的长度。

因此减少电缆总长度的途径有四种：

1）减少矩阵模块使用的行或列。如果设计过程中，矩阵驱动端设备上某一行或列未分配矩阵信号，则在工程实施上，该行或列对应的接点无需引出线缆，则可以减少主束上的电缆数量。

2）减少连接终端设备的电缆数量。例如，当某个矩阵负载设备接口等效为 4 组 1×4 的小矩阵结构时，最优的分配方法是将 4 组 1×4 结构组合为 4×4 的大结构，这样总分支数量为 8。

而最差情况下，所有 4 组小矩阵结构均不共行共列，则分支数量为 4×（1+4）＝20。

因此，应使同一设备上的小矩阵尽量共用更多的行和列。

3）减少分支电缆数量。同理，让处于同一分支上的设备共用更多的行和列，可以减少分支电缆数量。

4）合理的电缆走向。通过合理的电缆走向设计，可以减少电缆路径的长度。

④分区和主备隔离原则

1）分区隔离原则：应尽量将关键设备与搭载或其他成熟度较低的设备隔离，避免共用行和列，分配时可以预先估算关键设备和搭载设备需要占用多少驱动端矩阵分配区域，并按照估算大小分为两个（A 和 B）或者多个区域，在整个分配表上呈对角线排列，如图 4－6所示。

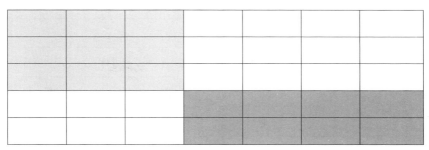

图 4 - 6 分区示意图

此分配策略可以避免由于双重故障 a 引起的关键设备失效。

2) 主备隔离原则：针对关键设备的主备份的矩阵遥测和矩阵指令，避免主份和备份共行或共列，此时主备份在矩阵分配表上呈对角线排列。

此策略可以避免由于双重故障 a 和 b 引起的关键设备主备份同时失效。

采用上述策略进行分配后，可以保证在双重故障下仍然能够维持星地间全功能的信息交互；但不足之处是同比显著增加矩阵电缆重量，且设计复杂度高。

如图 4 - 7 所示，将设备尽量排成矩形，减少行信号、列信号的电缆数量，需要 6 根指令信号线，而排成标准矩阵，只需 4 根信号线。考虑卫星设备众多的情况，将需要多一倍的行线信号资源，相应的矩阵电缆重量也会有显著增加，一般情况下，单根矩阵线缆（即主份到备份回路）长约 10 m，$L \times \rho = M$，可得 10 m×2.6 g/m＝26 g。即每多使用一根行或列线，电缆网重量增加约 26 g。

采用矩阵式接口电路的关键目的之一，是为了理论上能够最大程度地优化卫星设备的数量以及电缆网的数量，减小卫星质量，提升卫星载干比，因此主备隔离原则仅适用于关键单机的关键指令和遥测的接点分配上。

4.2.3.3 卫星遥控指令格式以及遥控指令编码设计

卫星遥控指令格式以及遥控指令编码的设计，主要分两部分内

	C1	C2
R1	主机开机	
R2	主机关机	
R3		备机开机
R4		备机关机

	C1	C2
R1	主机开机	备机开机
R2	主机关机	备机关机
R3		
R4		

图 4 - 7　不同分配方式的长度差别说明

容：卫星遥控指令格式设计和各类指令编码的设计。前者是总体指导类信息，规定了卫星各类指令的格式。后者则是在前者的基础上，依据前者所规定的格式内容，完成各类指令编码的设计工作。

4.2.3.3.1　卫星遥控指令格式设计

卫星遥控指令格式设计，主要是融合各类卫星星上设备之间通信协议等内容，对卫星各类指令的格式做出具体的规定，如离散指令、串口指令等。

4.2.3.3.2　遥控指令编码设计

遥控指令编码设计，是在遥控指令格式设计的基础上，对指令的编码内容进行封装，形成能够满足卫星星上设备之间通信协议的指令编码内容。

其编写流程如图 4 - 8 所示。

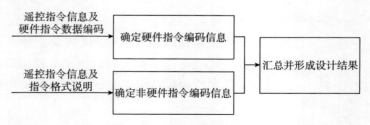

图 4 - 8　指令编码设计编写流程

编写原则：

1）每一条遥控指令都对应唯一一个指令编码；

2）每一条遥控指令一定有一种遥控指令格式与之对应。

4.2.3.4　卫星遥测格式以及遥测波道设计

卫星遥测格式以及遥测波道的设计，主要包含两部分内容：卫星遥测格式设计和各类遥测波道的设计。前者是总体指导类信息，规定了卫星遥测的通信与传输格式。后者则是在前者的基础上，依据前者所规定的格式内容，完成各类遥测波道的设计工作。

4.2.3.4.1　卫星遥测格式设计

卫星遥测格式设计，主要是融合各类卫星星上设备之间通信协议等内容，对卫星各类遥测传输格式的编排做出具体的规定。

4.2.3.4.2　卫星遥测波道设计

卫星遥测波道设计，是在遥测格式设计的基础上，对遥测的波道内容进行设计和编排，形成能够满足卫星星上设备之间通信协议的遥测传输需求的遥测结构。

卫星遥测波道的设计遵循几方面原则：

1）对于硬件遥测波道的设计结果，取决于遥测测点设计，必须与每一个测点固有的硬件波道一致；

2）对于占用同一波道位置的不同遥测，需要通过不同的格式信息来区分其波道位置，以免引起卫星工作期间参数无法正常下传的问题。

4.2.4　测试与验证

4.2.4.1　概述

在完成卫星设计和研制的工作之后，卫星总装人员以及综合测试人员会将星上配套设备利用卫星电缆网进行连接，并将设备都固定在卫星舱板上，然后按照卫星不同阶段的测试大纲，对卫星进行分阶段测试。

在卫星测试过程开始前，通信卫星信息系统设计师还需要对卫星所有遥测参数的处理方法信息、正常值范围信息以及指令的使用准则信息进行集成汇总，用于指导卫星测试、发射以及在轨管理使用。

　　其中，遥测参数处理方法是地面对每一个采集并按照遥测格式下传至地面设备的遥测参数信息进行处理并得到所需要的工程数值的方法。

　　遥测参数正常值范围信息用于说明每一个遥测在给定状态下的变化范围，以判定遥测的正确性。

　　遥控指令使用准则信息用于指导操作者如何使用每一条指令，并描述指令使用前后的效果。

4.2.4.2　遥测参数处理方法

4.2.4.2.1　遥测参数处理方法使用说明

　　各分系统可以根据其参数处理的要求选取相应的公式使用。下面根据公式分类，对 10 余种公式进行了说明，包括公式说明、使用规范、适用范围及示例。

　　（1）查表法

　　①列表 L0001

　　• 公式说明

　　列表。

　　• 使用规范

　　使用公式 L0001 前必须在 N 阶表格中新建一个列表类型为列表的表格，表格为范围内对应的设计值。处理方法选择列表 L0001 后，要在 N 阶表格处将新建的 N 阶表格（代号）选上。

　　• 适用范围

　　列表一般和模拟量转状态量 F0020 配合使用。列表对应的 N 阶表格内的状态量必须是经过校准后的值。

　　②模拟量转状态量 F0020

　　• 公式说明

　　此处理方法一般用 4 位二进制编码（或更少的位数）最多表示

物理量的 16 种状态，不同的状态对应不同的遥测电压值。采用"查表方式"进行处理，数据显示为用二进制码标识的状态量。处理时使用遥测电压值与状态量的对照表，将遥测电压值与表中标准值相比较，取当前遥测电压值相近的标准电压值所对应的状态量。

- 使用规范

该公式需要一个相关系数，即取出对应状态位的屏蔽字（十进制）CL（屏蔽字表示为 2 的 X 次方，例如某参数取 B0 位有效，那么它的屏蔽字就是 2 的 0 次方，屏蔽字是 1，同样 B1 位为有效，那么它的屏蔽字就是 2 的 1 次方，屏蔽字是 2，其他依此类推）。还需要一个 N 阶表格。

- 适用范围

适用于各类开关状态及加热器状态，此处理方法必须选择一个 N 阶表格（列表 L0001）。

- 示例

例如，参数 ZN12. B0（南蓄电池组连接状态 2 - 继电器 2），处理方法选择 F0020（模拟量转状态量），公式参数值为 1（即屏蔽字，B0 位有效），N 阶表格选择 LN001。

（2）直读 D0001

- 公式说明

直读参数 D0001 是指参数不需要采用特殊处理方法，其数值可直接映射成最终的物理含义。几乎所有的开关量、状态量都属于直读。

- 使用规范

选择直读 D0001，在处理方法文本备注处写直读说明。

- 示例

例如，某参数处理方法选择 D0001（直读），将解释信息写入处理方法文本备注。

（3）高阶多项式 F0011

- 公式说明

高阶多项式 F0011 对应公式：$Y = C_0 + C_1 \times U + C_2 \times U^2 + \cdots + C_n \times U^n$。

- 使用规范

该公式需要 N 个系数，C_0，C_1，C_1，$\cdots$，C_n。

- 适用范围

规定最多为 7 阶多项式，$0 < N < 8$。

- 示例

例如，某参数处理方法为 $y = -0.26x^4 + 4.41x^3 - 20.58x^2 + 58.22x - 45.45$，选择公式 F0011，系数分别为：$-0.26$，$4.41$，$-20.58$，$58.22$，$-45.45$。

（4）温度函数处理 F0500

- 公式说明

$$t = \frac{1}{a + b \times \ln R_h + c \times (\ln R_h)^3} - 273.15$$

$$R_h = U / (E - U) \times R_0$$

说明：该公式对应于 MF5408 型热敏电阻。

- 使用规范

R_0，a，b，c 填入对应系数值。

- 适用范围

适用于热控分系统温度量处理。

- 示例

例如，参数 T8〔中心承力筒温度 3（下）〕，处理方法选择 F0500，系数分别为 7 500，$-6.011\,88$，4 622.533 37，$-86\,421.724\,14$。

（5）有符号二进制 F0400

- 公式说明

$$Y = \text{sign} \times M \times \text{KLSB}$$

N：二进制源码；sign：N 的最高位为符号位，0 为正数，1 为负数；n：二进制源码 N 的位数；M：N 的无符号十进制整数值，即不含符号位的 $n-1$ 位的二进制对应的十进制值；KLSB：当量。

- 使用规范

需要一个相关系数，KLSB：当量。

- 适用范围

适用于控制分系统相关参数。

- 示例

例如，某参数处理方法为：14 位原码表示，当量 1 r/min，B13 为方向位，0 表示顺时针转速，1 表示逆时针转速。选择处理方法公式 F0400，系数当量为 1，其他信息写入处理方法文本备注。

（6）无符号二进制 F0408

- 公式说明

$$Y = [\text{KLSB}] \times M + [b]$$

- 使用规范

需要三个系数。n：二进制源码 N 的位数；KLSB：当量；b：校准量。

- 适用范围

适用于控制分系统相关参数。

- 示例

例如，某参数处理方法为：无符号数，1 字节，当量为 0.072°。选择处理方法公式 F0408，系数 N 为 8，当量为 0.072。

（7）偏移二进制 F0404

- 公式说明

偏移二进制码的格式如下：

sign	2^{n-1}	2^{n-2}	...	...	2^2	2^1	2^0

$$\underbrace{}_{M}$$

最高位 sign 为符号位，1 表示正数，0 表示负数；

M 为数值位表示的无符号整数值；

用 KLSB 表示最小当量，则偏移二进制码表示的数字量 D 为：

$$sign=1 \qquad D=M \times KLSB$$

$$sign=0 \qquad D=-(2^n-M) \times KLSB$$

说明：控制系统偏移二进制，当量为常量，最高位为符号位，0 表示负数，1 表示正数。将结果乘以一个当量，需要一个相关系数，即当量的值。

· 使用规范

二进制为常量和二进制为变量的偏移二进制需要一个系数，即当量的值。

· 适用范围

适用于控制分系统相关参数。

· 示例

例如，某参数处理方法为 12 位偏移二进制码，当量 0.004 641 V，B11 为符号位，范围为：$-9.5 \sim 9.5$ V。选择处理方法公式 F0401，系数为 0.004 641，其他信息放入处理方法文本备注。

（9）反向偏移二进制 F0405

· 公式说明

反向偏移二进制码的格式如下：

sign	2^{n-1}	2^{n-2}	...	...	2^2	2^1	2^0

$$M$$

最高位 sign 为符号位，1 表示负数，0 表示正数；

M 为数值位表示的无符号整数值；

用 KLSB 表示最小当量，则反向偏移二进制码表示的数字量 D 为：

$$sign=1 \qquad D=-M \times KLSB$$

$$sign=0 \qquad D=(2^n-M) \times KLSB$$

说明：控制系统反向偏移二进制，当量为常量，最高位为符号位，0 表示正数，1 表示负数。将结果乘以一个当量，需要一个相关系数，即当量的值。

• 使用规范

二进制为常量和二进制为变量的反向偏移二进制需要一个系数，即当量的值。

• 适用范围

适用于控制分系统相关参数。

• 示例

例如，某参数处理方法为 12 位反向偏移二进制码，B11 为符号位，当量 0.000 488 281 25（°）/s，角速度范围为：$-1 \sim$ 0.999 511 718 75（°）/s。选择处理方法公式 F0402，系数为 0.000 488 281 25，其他信息放入处理方法文本备注。

（10）补码二进制 F0406

• 公式说明

补码的格式如下：

最高位 sign 为符号位，0 表示正数，1 表示负数；

M 为数值位表示的无符号整数值；

用 KLSB 表示最小当量，则补码表示的数字量 D 为：

$$\text{sign}=1 \qquad D=-(2^n-M)\times\text{KLSB}$$
$$\text{sign}=0 \qquad D=M\times\text{KLSB}$$

• 使用规范

当量为常量的补码和当量为变量的补码都需要一个系数，即当量的值。

• 适用范围

适用于控制分系统相关参数。

• 示例

例如，某参数的处理方法为：测量范围为：$-11° \sim +11°$（宽

扫），$-5.5°\sim+5.5°$（窄扫），用补码表示，当量 0.002 5°，B13 位
为符号位。选择处理方法公式 F0403，系数为 0.002 5，其他信息放
入处理方法文本备注。

（11）用户自定义表达方法 S0001

· 公式说明

无法用以上公式表示出来的都用特殊公式 S0001 来表示。

· 使用规范

文本备注里必须说明处理方法的使用及遥测参数特性，支持上
传图片。

· 适用范围

其他处理方法都无法表达时，使用该处理方法。

· 示例

例如，某参数的处理方法为：

$$Y=7.31\times U-6\times\max\ (Y\ \text{vs}\ 1-0.6,\ Y\ \text{vs}\ 2-0.6,\ 0)$$

无法用任何一个处理方法来表达，因此将此表达式放在处理方
法文本备注中。

4.2.4.2.2 遥测参数处理方法清单

通过对通信卫星东方红系列平台处理方法进行归纳总结，共总
结出 11 个通用的处理方法公式，遥测参数处理方法见表 4 - 1。

4.2.4.3 遥测参数正常值范围规范

遥测参数正常值范围指的是卫星发射后，在全寿命周期内，卫
星正常工作的稳态模式下，即非测试状态下的各设备/部件在不同工
作状态时的遥测参数正常值区间。

正常值按照"发射/转移轨道"阶段及"在轨运行"阶段两部分
分别给出。当在轨测试期间或者卫星定点后需要发送遥控指令改变
星上设备原有的设置状态时，此时遥测值会随指令的执行而变化。

表 4 - 1　遥测参数处理方法

序号	处理方法分类	处理方法代号	处理方法名称	处理方法	处理方法说明	公式系数	公式参数
1	列表法	L0001	列表	列表	以如下形式填写 N 阶表格：(x_1, y_1) (x_2, y_2) (x_3, y_3) … (x_n, x_{n+1})，工程值等于 y_n。参数落在 (x_n, x_{n+1})，要求 $(x_n > x_{n-1} > \cdots > x_2 > x_1)$		LX001: 列表代号
2		F0020	模拟量转状态量	模拟量转状态量	电压量转状态量，先计算电压量再查表得出数字量，然后根据屏蔽字取出相应的位。该函数需要一个相关系数 CL（十进制）。还需给出状态位对应列表号（N 阶表格代号）	CL：屏蔽字	LX001: 列表代号
3	直读	D0001	直读	直读	直接将二进制分层值按照无符号整数处理		无

续表

序号	处理方法分类	处理方法代号	处理方法名称	处理方法	处理方法说明	公式系数	公式参数
4	高阶多项式	F0011	高阶多项式	$y=[a]x^{(n-1)}+[b]x^{(n-2)}+\cdots+[j]x+[k]$	高阶多项式拟合	a：处理系数 b：处理系数 j：处理系数 k：处理系数	
5	温度函数处理	F0500	$t=-273.15+\dfrac{1}{a+b\times\ln R_h+c\times(\ln R_h)^3}$（℃）	热敏电阻温度处理	热敏电阻温度参数处理公式。其中，$R_h=U/(E-U)\times R_0$，$E=5.0V$，$R_0=7.5K$	R：处理系数 a_1：处理系数 b_1：处理系数 c_1：处理方法	
6	有符号二进制	F0400	有符号二进制	$Y=sign\times[KLSB]\times M$	N：二进制源码；$sign$：N的最高位为符号位，0为正数，1为负数；n：二进制源码N的位数；M：N的无符号十进制整数值，即不含符号位的$n-1$位的二进制对应的十进制值；$KLSB$：当量	$KLSB$：当量	

续表

序号	处理方法分类	处理方法代号	处理方法名称	处理方法方法	处理方法说明	公式系数	公式参数
7		F0408	无符号二进制 (n, KLSB) －1	$Y=[KLSB] \times M+[b]$	N：二进制源码；n：二进制源码的位数；M：N 的无符号十进制整数值；KLSB：当量；b：校准量	n：二进制源码位数；KLSB：当量；b：校准量	
8	二进制处理	F0404	偏移二进制（带参）	1）$Y=[KLSB] \times M$（当 $sign=1$ 时）2）$Y=[KLSB] \times [-(2^n-M)]$（当 $sign=0$ 时）	N：二进制源码；$sign$：N 的最高位为符号位，0 为负数，1 为正数；n：二进制源码 N 的位数；M：N 的无符号十进制整数值，即不含符号位的二进制对应的位的 n-1 位的二进制对应的十进制值；KLSB：当量	KLSB：当量	
9		F0405	反向偏移二进制（带参）	1）$Y=-[KLSB] \times M$（当 $sign=1$ 时）2）$Y=[KLSB] \times (2^n-M)$（当 $sign=0$ 时）	N：二进制源码；$sign$：N 的最高位为符号位，1 为负数，0 为正数；n：二进制源码 N 的位数；M：N 的无符号十进制整数值，即不含符号位的二进制对应的位的 n-1 位的二进制对应的十进制值；KLSB：当量	KLSB：当量	

续表

序号	处理方法分类	处理方法代号	处理方法名称	处理方法	处理方法说明	公式系数	公式参数
10		$F0406$	补码二进制（带参）	1）$Y = [KLSB] \times [-(2^n-M)]$（当 $sign=1$时） 2）$Y = [KLSB] \times M$（当 $sign=0$时）	N：二进制源码；$sign$：N的最高位为符号位，1 为负数，0 为正数；n：二进制源码 N 的位数；M：N 的无符号十进制整数值，即不含符号位的 $n-1$ 位的二进制对应的十进制值；$KLSB$：当量	$KLSB$：当量	
11	用户自定义表达方法	$S0001$	特殊公式	特殊公式	无法用公式表示出来的特殊公式		

4.2.4.4　遥控指令使用准则规范

对卫星遥控指令类型、格式，遥测数据判决以及使用中需要注意的问题进行说明，并给出卫星遥控指令的使用准则。

4.2.5　卫星出厂

4.2.5.1　概述

卫星出厂指的是卫星完成在设计场所的全部设计、研制和测试工作后，将卫星运输至发射场进行后一阶段的测试以及发射准备工作。

作为通信卫星信息系统设计师，需要编制汇总卫星各系统对地面监视页面的要求，用于指导发射过程以及后续转移轨道过程中卫星遥测参数判读的工作。

4.2.5.2　遥测显示页面

（1）编写原则

1）应通过汇总、整理各系统的需求，提出卫星型号地面软件遥测页面显示要求，作为各地面站遥测监视软件设计的参考依据；

2）应条理清楚，内容完整，依据正确；

3）封面、扉页、目录的编写格式应符合相关规范的规定；

4）必要时可增设附录，放在正文之后，作为正文的补充和解释；

5）可根据卫星型号的具体情况对本要求进行裁剪；

6）文件应经过型号各分系统设计人员会签；

7）应列出通用符号及状态说明。

（2）编写特别注意事项

1）编写前特别注意事项：需要收集各分系统对遥测页面的显示要求，应注意热试验后、出厂前在项目技术协调会上向各分系统征集遥测参数条目或显示页面，由项目办督办；特别要注意核对参数中相对继承型号做出的各种增删修改，梳理出哪些遥测参数需要更新；在收集完成各分系统提供的遥测参数或显示页面之后再开始编写文件。

2）编写过程中特别注意事项：要注意各分系统遥测参数的参数名称、遥测代码、波道号以及显示信息要求等条目内容必须一一对应，确保内容的一致性；要确保各分系统显示条目均应不重不漏，确保内容的完整性；显示界面亦应力求布局合理，直观清晰。

3）编写完毕后特别注意事项：应及时向各分系统确认状态，对各分系统的反馈意见要及时沟通并尽快做出回馈处理；经内容协调完成后，将拟走流程版本发给各分系统签字确认，正式文件应会签确认通过。

4.2.6　卫星发射

4.2.6.1　概述

卫星发射阶段，主要是从运载火箭点火发射，到进入太空定点的阶段。这个阶段，通信卫星信息系统设计师需要和卫星各系统设计师共同完成对卫星状态的监视工作。该阶段也称为飞控阶段，即卫星飞行姿态与轨道控制阶段。

飞控工作以卫星发射为时间节点，分为两个部分：发射前和发射后。

发射前，作为通信卫星信息系统设计师，不仅需要确认卫星监视页面的正确性，同时需要确认在卫星设计阶段完成的卫星遥控指令是否满足卫星通信协议。

发射后，作为通信卫星信息系统设计师，配合飞控试验队长工作安排，需要对遥测、遥控页面数据进行判读，对相关重点参数进行记录，并及时报告相关异常情况。

4.2.6.2　工作规范

4.2.6.2.1　职责范围

1）负责测控中心监视页面的审查与确认；

2）负责实施遥控指令核对工作；

3）负责岗位监视细则的编制；

4）负责做好卫星发射后飞控工作，并记录相关飞行数据；

5）负责飞控技术状态的控制，负责测控岗位的状态监控和数据判读，严格遵守岗位职责，确保无误判、漏判，无误操作，对状况给出明确的结论；

6）负责异常情况处理工作。

4.2.6.2.2　工作要求

（1）监视页面审查工作要求

工作时机：发射前。

遥测监视页面由卫星测控中心制作，用于飞控以及在轨管理。其主要工作包括核对所需显示的遥测参数及其波道、处理方法、正常值范围，并逐一通过卫星模拟器验证。

（2）遥控指令核对工作要求

工作时机：发射前。

根据卫星遥控指令表以及指令使用准则，通过卫星模拟器验证，巡检所有遥控指令，验证执行效果。

（3）岗位监视细则编写工作要求

工作时机：发射前。

岗位监视细则的作用是梳理本岗位的工作内容：本岗位对应的分系统（子系统）遥测参数以及飞控期间遥测参数的变化趋势，遥控指令使用准则，飞控期间测控事件，发射前状态设置，故障预案以及监视页面预览等。

（4）飞控风险控制分析工作要求

工作时机：发射前。

针对所承担的卫星飞控任务，在型号出厂风险与分析控制报告的基础上，按（天科宇［2008］623 号）"关于进一步提高质量意识，强化状态管理严格过程控制，确保 2008 年后续宇航发射任务圆满成功的紧急通知"和（天科宇［2009］248 号）"关于印发《宇航型号风险分析和控制要求》的通知"要求，严格落实集团公司关于《宇航型号技术风险分析与控制要求（2013 版）》的要求，对卫星分系统和单机产品，开展深入的系统风险分析，识别出与飞控任务相关的风险和关键环节，制定并落实有针对性的措施，形成"飞控风险分析与控制报告"，为做好飞控故障预案和降低飞控风险提供依据。

（5）异常情况处理工作要求

工作时机：发射后。

发现异常情况及时、认真地填写《异常情况报告表》，并立即报告试验队长，确认为质量问题的填写《质量问题报告单》，负责故障情况的记录、整理，经初步分析提出故障处理对策，为技术决策提供技术支持。

4.3　通信卫星信息系统设计岗位

4.3.1　概述

通信卫星信息系统设计专业，是一个面向航天器总体设计，研究航天器系统信息流数字化设计方法的专业。通信卫星信息系统设计专业范畴包括信息需求分析、信息流设计、信息流实现和信息流验证。

通信卫星信息系统设计专业岗位，是为了落实国家战略发展对通信卫星领域专业化人才队伍建设和探索型号科研生产模式转变的要求，更好地完成航天器星载信息流总体数字化设计，并在此基础上进一步深化对航天器信息流设计的理论研究和工程实践，而设置的专业工作岗位。

通信卫星信息系统设计专业工程人员，承担通信卫星领域在研、预研型号的星载信息流设计工作，参与相关领域的预先研究工作、专业规划与建设，组织制定相关设计规范和标准文件体系等。

4.3.2　岗位基础知识

4.3.2.1　专业名词解释

通信卫星信息系统设计　航天器星载测控信息流（含遥测信息

和遥控信息）的总体设计，其中包括航天器星载测控需求分析、测控信息流格式规定、信息流向规划以及遥测遥控信息测点编排等。

信息流　具有规定流动方向和格式的信息从信源向信宿传递的过程。

遥测参数　遥测参数信息表征卫星星上设备的状态。

遥控指令　遥控指令信息表征控制卫星完成动作的指令。

测控信息　测控信息是表征卫星星上设备状态的遥测信息和能够控制卫星完成动作的遥控信息的统称。

矩阵电缆　矩阵电缆是用于连接星上矩阵式接口设备的电缆，属于卫星低频电缆的一部分。矩阵电缆在电缆网连接关系上不再是简单的单点对单点，而是多台设备的多个接点短接，在连接关系上存在一点对多点、多点对一点等复杂情况，如图 4-9 所示。

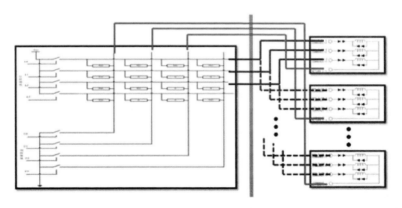

图 4-9　矩阵电缆接点连接示意图

4.3.2.2　使用标准

通信卫星信息系统设计专业在设计过程中，需要使用的各类标准与规范很多，主要包括通用基础标准类，如卫星术语、卫星产品标志；文件管理标准类，如航天器研制技术流程编写规定、卫星指令使用准则编写要求；质量管理标准类，如质量管理体系要求、航天产品技术状态管理；可靠性安全性标准类，如航天产品可靠性保证要求、卫星可靠性评估方法；测控数管总体标准类，如航天测控系统术语与缩略语、卫星星载遥测设备通用技术条件；测试和试验标准类，如卫星测试覆盖性分析和检查要求、卫星电性能测试技术要求。在此不再过多列举。

4.3.3　岗位工作职责

（1）通信卫星信息系统主任设计师的岗位职责

1）对测控、数管和综合电子分系统的任务分析、研究和设计等工作负责；

2）负责对测控、数管和综合电子分系统的技术状态管理和产品设计质量控制；

3）负责组织解决分系统产品的设计、验收交付和使用维护等过程发生的质量问题；

4）负责分系统文件质量控制；

5）负责协调月计划的下达及完成情况的监督检查；

6）负责卫星信号接口规范、协议的制定；

7）负责与大系统及卫星其他分系统的接口协调、确认工作；

8）负责指导、协同型号信息总体主管设计师完成信息总体专业工作内容中规定的通信卫星信息系统设计工作；

（2）通信卫星信息系统主管设计师的岗位职责

1）负责与主管型号的测控、数管和综合电子总体人员的协调和沟通；

2）配合型号测控、数管和综合电子主任设计师，负责通信卫星信息系统设计规范在型号中的执行和落实；

3）负责主管型号的信息总体专业工作内容中规定的通信卫星信息系统设计工作；

4）负责提供型号的通信卫星信息系统设计输出结果给 AIT 中心、卫星测控中心以及卫星用户。

（3）通信卫星信息系统设计平台开发师的岗位职责

1）负责通信卫星信息系统设计专业技术发展路径的规划；

2）负责通信卫星信息系统设计专业的建设；

3）负责制定通信卫星信息系统设计的相关规范；

4）负责制定通信卫星信息系统设计的技术流程；

5）负责通信卫星信息系统设计对外输出接口的协调和制定；

6）负责信息系统设计平台及型号测控信息数据的管理和维护；

7）负责信息系统设计平台产品的开发和推广。

4.3.4　岗位工作内容

1）规划通信卫星信息系统设计专业技术发展路径，跟踪国内外先进航天器系统信息流设计相关发展方向，掌握国际通用设计的标准、规范和协议，并不断完善抓总型号的设计方案。

2）牵引通信卫星信息系统设计的总体设计水平，开展先进通信卫星信息系统设计的预先研究，创新信息流设计的数字化、自动化设计方法，不断提高设计效率和水平。

3）建立基于信息的通信卫星协同设计模式，搭建基于信息系统设计平台的协同设计环境，制定相关设计工作规范和流程，管理和维护信息系统设计平台，完成对各协同设计用户方的系统使用培训。

4）规范卫星信息流设计方法，制定信号命名规范，明确信号类型、性质及相关属性定义，指导型号规范化设计。

5）完成型号的星载测控基础信息整理、汇总、统计，并以此为基础，开展遥测、遥控信息需求分析工作；根据文件设置通信卫星信息系统设计平台后台支持数据库；完成卫星遥测、遥控接点设计、信息流图设计、遥测格式设计和波道分配及指令格式设计和指令码表汇总；完成卫星遥测参数处理方法及指令使用准则的整理和汇总；完成卫星遥测参数正常值范围的整理和汇总；完成卫星页面显示要求的整理和汇总；完成商业卫星数据库交付。

6）对标国际一流通信卫星公司数据库产品，完成卫星测控信息数据库产品建设，并进行国际推广和宣传。

4.3.5　岗位工作要求

4.3.5.1　通信卫星信息系统设计专业发展要求

设置专门的通信卫星信息系统设计人员，开展通信卫星信息系统设计专业建设：

1）负责国内外先进测控信息设计专业的调研与跟踪，掌握国际通用设计规范、标准和协议；

2）结合国内外通信卫星测控信息设计的发展趋势，开展先进测控信息系统设计的预先研究；

3）规划通信卫星测控信息设计专业技术发展路径，提升型号的测控信息设计能力。

4.3.5.2　通信卫星信息系统设计规范制定要求

为确保信息设计工作的专业化、标准化和通用化，需要制定与规范通信卫星信息系统设计相关的顶层要求：

1）规范的制定要兼顾考虑到通信卫星信息系统设计平台的要求，具有先进性、开放性和兼容性；

2）制定的规范要考虑到在型号实际工作中的实施应用，应简洁明了、易于操作执行和推广；

3）与通信卫星信息系统设计相关的输入规范包括：《产品结构树模板》《遥测遥控参数命名规则》《遥测参数处理方法编写规范》《遥控指令使用准则编写规范》等；

4）应与相关接口单位会同协商制定输出接口规范，确保接口规范能被双方正确理解，包括与 AIT 中心的接口规范、与测控中心的接口规范、与卫星用户等的接口规范等。

4.3.5.3　通信卫星信息系统设计要求

通信卫星信息系统设计工作可分阶段开展，一般可分为遥测遥控基础信息汇总及需求分析阶段、遥测遥控格式及测点设计阶段、参数处理方法及正常值汇总阶段、指令使用准则的设计阶段。设计工作开展前，应确保输入文件的版本受控。

1）负责向测控总体提供相应的《产品结构树模板》《遥测遥控参数命名规则》《处理方法代号命名规则》《单机代号与遥测参数序号命名规则》等规范和模板。

2）指导测控总体设计师完成测控信息设计需要的输入信息，包括：《产品结构树》《单机数据表单》《遥测参数和指令的继承性分析报告》等信息。

3）根据卫星布局及卫星温度测点的信息，开展各采集设备的接点表设计，并完成遥测遥控格式设计工作。

4）卫星测试前，应完成卫星遥测遥控参数基本信息及已验收产品的参数处理系数录入工作；同时确认指令卡的设计，避免遗漏指令编码内容；发布冻结版本，生成正式文件。

5）版本冻结后，任何参数更改均有历史记录，当生成新的文件版本时，应同时生成变更记录报告，与正式文件同时发布。

6）通信卫星信息系统设计人员负责将型号的通信卫星信息系统设计输出信息按照接口规范要求的格式输出给 AIT 中心、测控中心、卫星用户系统。

7）通信卫星信息系统设计人员负责测控信息输出信息的版本控制、信息管理和维护。

4.3.5.4　通信卫星信息系统设计平台管理要求

设置通信卫星信息系统设计平台管理员一名，负责设计系统的日常维护和管理工作：

1）系统管理员负责工具用户的管理工作，包括新建型号信息，人员角色、访问权限分配等；

2）系统管理员负责数据库信息的定期备份工作；

3）系统管理员负责收集各设计师对工具软件的改造需求，汇总后提交工具开发商，并对软件升级改造工作进展情况进行监督检查，软件的开发应该按照软件工程化要求进行。

4.3.5.5　通信卫星信息系统设计平台的产品开发和市场推广要求

打造具有独立自主知识产权的通信卫星信息系统设计平台产品，为通信卫星信息系统设计平台的产品开发和市场推广提供技术支持：

1）结合型号的实际使用要求，丰富和完善通信卫星信息系统设计平台，包括一些外围的辅助设计工具的开发，优化测控信息设计师的工作。

2）准确定位市场上卫星用户对卫星测控信息数据库的需求，进行数据库产品的开发和设计；配合卫星总体，为数据库产品的市场推广和宣传提供技术支持。

第5章　通信卫星信息系统设计工具

通信卫星信息系统设计平台是通信卫星信息系统设计专业的通用平台，集设计功能、产品保证功能、科研管理功能于一体，是由通信卫星信息系统设计专业工程人员根据本专业多年工作经验开发完成的，融合信息系统多个设计环节中的设计方法，并将其转化为信息化模型，其操作效果符合专业工作规范和工作要求，并成功应用于现行多个通信领域的型号研制工作中，是通信卫星信息系统设计专业工作的一把利器。

本章将从通信卫星信息系统设计平台的硬件环境、设计平台架构、设计平台功能模块和使用方案进行简要介绍。

5.1　设计平台硬件设备

通信卫星信息系统设计平台作为 B/S 架构的软件，需要依托于相关服务器对 PC 端提供服务。服务器的硬件环境最低要求如下：

- CPU：Xeon E7 - 4809 V2；主频不低于 2 GHz；六核 CPU 核心；最大 CPU 数量 4 颗；
- 内存：32GB/DDR3；
- 硬盘：8TB（最大）；
- 其他采用标准配置（如网卡、光驱、光电鼠标等）。

5.2　设计平台概述

5.2.1　设计平台系统架构

根据性能要求及软件质量要求，设计平台系统架构能够保障正常的数据服务业务处理逻辑流程，能够最大限度地利用系统的

CPU、内存、磁盘资源。在发生故障时能够尽快恢复系统，保证系统长期、稳定、安全运行。

（1）系统功能可扩展能力

通信卫星信息系统设计平台是一个专用的并具有通用性的信息系统，该平台应该具备良好的可扩展能力，提供功能扩展辅助机制、友好的功能扩展接口以及详尽的说明文档和范例，用于支持日后扩展系统的功能。系统功能的可扩展能力还体现在易于将其他各类资源整合到该平台中。

（2）稳定性要求

通信卫星信息系统设计平台最终需要部署在内部网络为大众服务，所以该系统需要具有良好的稳定性，因为该系统是所有上层应用的基础。

此外，为了提高整个应用系统的稳定性，系统在技术选型时应尽量选择安全的、易于掌控和使用的环境。

（3）系统架构要求

通信卫星信息系统设计平台要求采用扁平化风格的系统架构，结构力求简单，尽量减少纵向层次的数量，最大程度地提高平台以及整个应用业务系统的效率。

（4）灵活性和可扩展要求

可扩展能力方面的需求主要体现在四个方面：数据可扩展性、功能可扩展性、用户界面可扩展性、应用层级可扩展性。具体说明如下：

数据可扩展性：需要在数据扩展性方面提供支持，使得平台建成以后，在应用开发过程中，可以根据需要很快地开发出对新数据格式的支持模块，然后通过简单的关联和函数调用操作就可以集成到平台中。

功能可扩展性：类似数据可扩展性，功能的可扩展性将使得在平台建成后追加功能成为可能。只要遵循一定的接口标准和二进制可执行文件规范，用户就可以自由开发新的功能模块。

用户界面可扩展性：用户界面可以根据简单的开发进行功能界

面的扩展。

5.2.2　设计平台模块功能与操作说明

5.2.2.1　我的工作区

设计平台为用户提供"我的工作区"，主要解决用户提交的各项流程，包括待办任务、完成任务、督办任务、所有任务以及工作流程设计等功能。该模块中的各个节点，主要是该设计平台产品保证功能的体现，让不同角色的操作者能够及时查看当前及历史数据变化情况，并利用多级审签流程，确保数据变更的正确性。

（1）待办任务

"待办任务"节点，显示的是当前用户待办任务列表。用户可查看需要处理的流程。如图 5 - 1 所示。

图 5 - 1　待办任务列表界面

（2）完成任务

"完成任务"节点，显示的是当前用户已经完成的任务列表，包括用户本人发起的、用户审批过的所有任务项目。用户可以查看任务审批单、搜索已完成任务、查看任务详情，以及重启任务。如图 5 - 2 所示。

（3）督办任务

"督办任务"节点，显示的是当前用户所需要督办任务的列表。作为设计平台中不同角色的用户，均可以查看已提交和需要审签的流程。对于用户本人提交的流程，可以进行删除、搜索、跟踪、挂起、撤回等操作。"蓝色"标示的任务表示流程状态还在流转中，"绿色"标示的任务表示流程状态已完成，"红色"标示的任务表示流程状态被退回，如图 5 - 3 所示。

图 5-2　完成任务列表界面

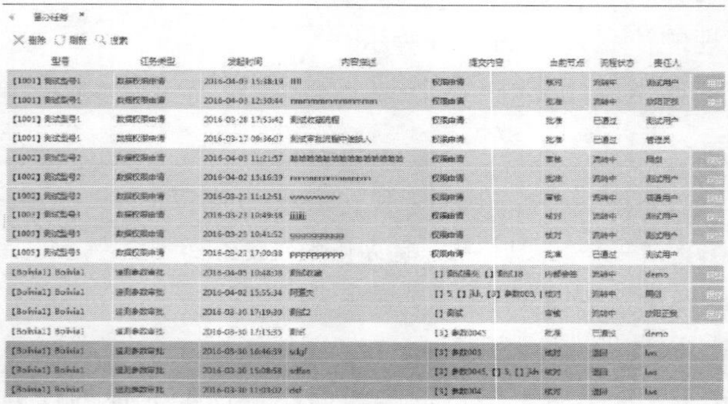

图 5-3　督办任务列表界面

（4）所有任务

"所有任务"节点，显示的是当前所有已完成审签的任务和处在审批流程中的任务。用户可以根据各自不同的需求，查看任务审批单、搜索任务、查看任务详情，如图 5-4 所示。

（5）工作流程设计

"工作流程设计"节点，显示的是当前工作型号的研制工作流程图。型号管理人员根据型号研制业务流程建立工作流程图，并将各个环节任务划分到具体人员，以及时跟踪型号研制各个环节的完成情况，如图 5-5 所示。

图 5-4　所有任务界面

图 5-5　工作流程设计界面

5.2.2.2　测控工具箱

　　测控工具箱是通信卫星信息系统设计平台中最主要的信息设计和信息存储与展示的模块。作为整个设计平台的核心功能模块，测控工具箱包含了产品配套树管理、遥测参数信息管理、遥控指令信息管理与格式设计、版本发布与控制、卫星测控信息流图设计以及数据库迁移等功能。

　　（1）产品配套

　　设计师根据卫星总体设计情况和产品配套内容，整理完成相关型号产品配套信息,并导入至通信卫星信息系统设计平台,建立型号产品结构树。

"产品配套"节点显示的是产品列表信息。产品列表界面(图 5 - 6)支持添加各级别的节点,其中包括平台(公共库)、分系统、单机、模块,用户可编辑、删除、刷新、导入、导出各类别产品信息,并可将当前产品以模板的形式下载,查看单机引用情况。

图 5 - 6   产品列表界面

(2) 遥测参数

"遥测参数"节点显示的是卫星遥测参数列表,该列表中包含所有的遥测参数信息。卫星平台界面中的信息与卫星型号产品配套信息同步。遥测参数展示区包含五个 TAB 页,分别是遥测参数总表、遥测参数、遥测波道、处理方法、正常值范围,所有的遥测参数相关信息均体现在上述五个 TAB 页中,如图 5 - 7 所示。

(3) 遥控指令

"遥控指令"节点显示的是卫星遥控指令列表,该列表中包含所有的遥控指令信息,包括卫星平台列表界面,以及遥控指令界面。

图 5 - 7　遥测参数列表界面

卫星平台界面中的信息与卫星型号产品配套信息同步。遥控指令界面包含四个 TAB 页，分别是遥控指令总表、遥控指令、指令准则、指令编码，所有的遥控指令相关信息均体现在上述四个 TAB 页中，如图 5 - 8 所示。

图 5 - 8　遥控指令列表界面

（4）指令格式

"指令格式"节点显示的是遥控指令格式设计页面。用户可根据卫星研制需求，并依照相关指令格式文件信息，添加、编辑、删除指令格式基本信息。用户可根据需求对指令格式内容进行管理，其中包括导出指令格式、快速分配格式、一键生成指令格式，如图5 - 9所示。

（5）指令单元属性

"指令单元属性"节点显示的是指令单元属性页面。指令单元属性是指令编码配置的一个关键信息，由系统管理员在该模块中建立各类通用指令单元属性，供不同卫星型号进行调用。用户根据型号需求，可从指令单元属性中调用已有属性，也可根据实际情况添加、编辑、删除指令单元属性基本信息，如图 5 - 10 所示。

图 5 - 9　指令格式展示

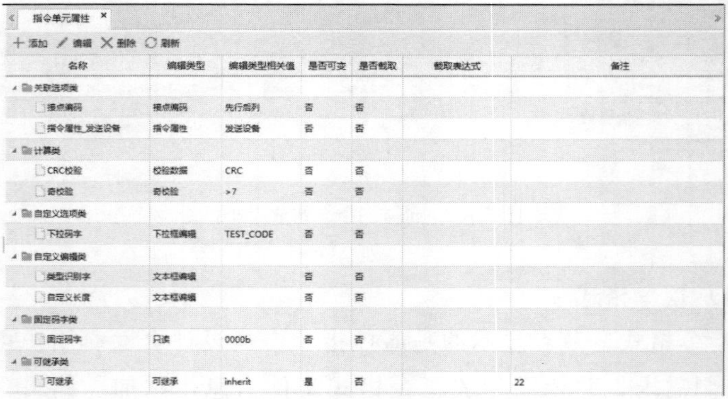

图 5 - 10　指令单元属性

（6）指令编码配置

"指令编码配置"节点显示的是指令编码配置页面。用户根据卫星实际情况，从指令单元属性中调用已有属性，用以构建指令编码配置，也可添加、编辑、删除指令编码配置信息。另外，对于一些指令编码需要配置二级子项的，可添加、编辑、删除指令编码配置子项信息，用户也可从外部导入、内部导出指令编码配置子项，可将指令编码配置子项属性导出为模板，如图 5 - 11 所示。

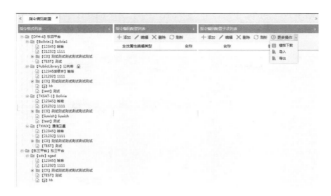

图 5-11　指令编码配置

（7）版本控制

"版本控制"节点显示的是卫星数据版本控制的操作功能。版本控制的主要目的是为了确保卫星在研制过程中严格按照产品保证要求，确保信息变更留有相关记录，做到信息变更可追溯。在此界面可手动开启（关闭）版本控制，也可批量开启（关闭）版本控制。版本控制细化到分系统，选择开启版本控制后，分系统或型号下的测控信息（遥测、遥控）所有动作都会记录，如图 5-12 所示。

图 5-12　版本控制界面

（8）版本发布

"版本发布"节点显示的是版本发布功能。该界面由卫星平台列表、分系统/型号版本发布功能区、型号/分系统版本列表三个部分组成。用户可以选择分系统版本发布或者型号版本发布，可比较型号或分系统的不同版本之间的数据，并支持输出版本比较结果，如图 5 - 13 所示。

图 5 - 13　版本发布主界面

（9）信息流图设计

"信息流图设计"节点主要用于绘制卫星不同阶段的信息流图，如图 5 - 14 所示。该图能够直观显示卫星信息流向与设备之间的连接关系。设计平台根据产品配套信息、遥测参数信息、遥控指令信息，以及后续将介绍到的接点设计信息，绘制完成信息流图。用户可选择平台、型号、分系统、单机、模块等不同的级别的选项，绘制相关信息流图。

（10）导出导入数据库

"导出导入数据库"节点的主要功能是用于 C/S 版本的数据库更新及维护作业。卫星型号研制过程中，由于外部条件限制，容易出现无法联网工作的状态。失去与服务器通信的情况下，可以选择将设计平台导出为 C/S 版本，安装至本地笔记本电脑或台式机进行作业。导出时可以选择平台、型号、数据类型，点击相应按钮可以导出导入数据库，详细说明如图 5 - 15 所示。

5.2.2.3　接口工具箱

接口工具箱的主要功能是面向卫星星上设备接点表的设计，其设计输出的结果用于卫星设计和电缆网制造。由于设备接点表的设计需要囊括多方面信息，所以该部分所包含的功能也较为丰富，主要有电连接器管理、常规设备分配、常规接点分配、矩阵接点分配、矩阵接点关联、矩阵接点输出、分配规则配置、接点表版本控制、接点表版本发布、矩阵接点表版本发布等内容。

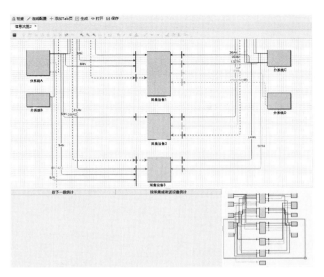

图 5 - 14　信息流图设计

图 5 - 15　导出导入数据库

（1）电连接器管理

"电连接器管理"节点显示的是电连接器管理界面。用户可按模板汇总统计卫星各设备的电连接器信息，然后导入设计平台进行统一管理。对于已储存的电连接器信息，用户可对其进行添加、编辑、删除、导出等操作，如图 5 - 16 所示。

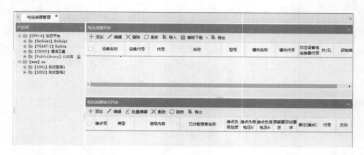

图 5 - 16　电连接器管理界面

（2）常规设备分配

"常规设备分配"节点主要用于为卫星星载设备分配采集遥测接点和发送指令接点，是卫星设计电缆网的重要前提。在电连接器接点分配之前，在该模块先为遥测遥控信号预分配采集或发送的设备，为下一步接点分配打下基础。常规设备分配界面如图 5 - 17 所示。

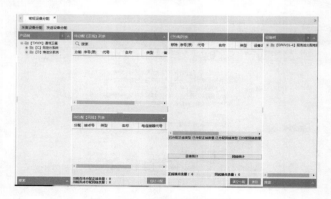

图 5 - 17　常规设备分配界面

（3）常规接点分配

"常规接点分配"节点主要用于为卫星星载设备分配采集遥测接点和发送指令接点，是卫星设计电缆网的重要前提。用户可根据

"常规设备分配"设计的结果，为电连接器分配电连接器接点或移除电连接器上的电连接器接点。常规接点分配界面如图 5 - 18 所示。

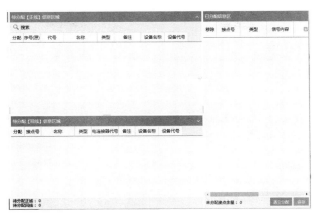

图 5 - 18　常规接点分配界面

（4）矩阵接点分配

矩阵遥测和矩阵指令是星载综合电子的一项核心技术，主要优点是节省了所需元器件与电缆的数量，可以显著减小卫星平台质量，广泛应用于各类卫星。通过矩阵电缆将星上具有矩阵遥测和矩阵指令接口设备与综合电子系统连接，可以完成矩阵指令发送和矩阵遥测采集功能。矩阵式接口电路的电缆分支众多，通常达数百个，导致设计复杂，根据经验设计的分支关系上存在一定冗余，存在通过优化测点分配减小分支电缆使用量的可能，进而减小电缆总长度和质量。

设计平台根据矩阵接点的分配逻辑和思路，构建了该模块，用于设计星载矩阵接点。图 5 - 19 是矩阵接点设计功能使用流程图。

（5）矩阵接点关联

"矩阵接点关联"是矩阵接点设计的准备工作，需要在该模块中将矩阵接点分配到相应的矩阵模块上，将矩阵实际的物理接点与设计平台中的模型接点之间建立连接关系，如图 5 - 20 所示。

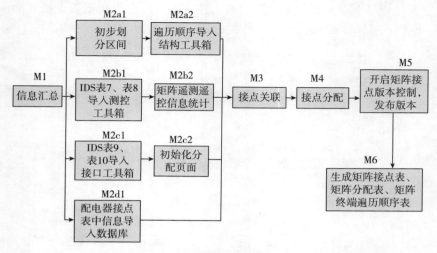

图 5-19 信息系统设计平台矩阵接点设计功能使用流程

（6）矩阵接点输出

在完成矩阵接点设计完成之后，设计平台支持将设计结果导出成既定格式，用于电缆网设计使用，如图 5-21 所示。矩阵遥测遥控接点分配设计输出内容包括：矩阵分配表、矩阵接点表、遍历顺序表、矩阵指令数据编码等文件。为了保证设计结果版本可控，设计平台提供版本控制功能。在接口工具箱中有矩阵接点输出功能，可选择需要输出的平台、型号，输出矩阵接点表、矩阵分配表和矩阵终端设备遍历顺序表，导出时，在选择了平台、型号、矩阵设备后，需要选择所需导出的版本号。

（7）分配规则配置

接点设计前，需要对接点设计的规则进行设定，以保证设计的相关边界条件在设计过程中能够得以实现，并限制设计师操作，使设计更加准确。所以在分配常规接点之前要进行分配规则配置，操作界面如图 5-22 所示。

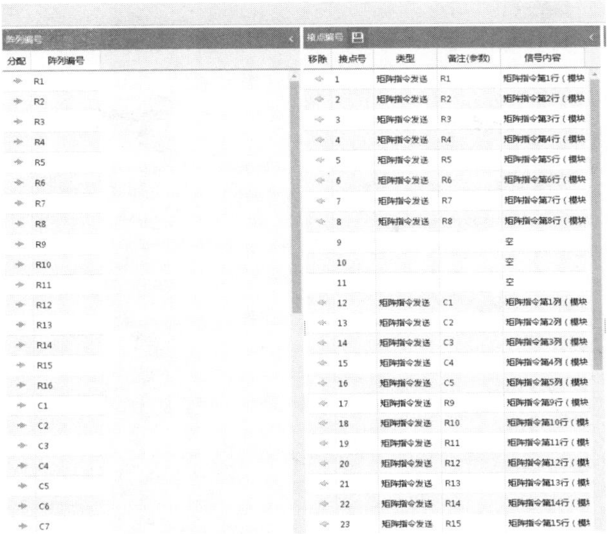

图 5 - 20　矩阵接点关联

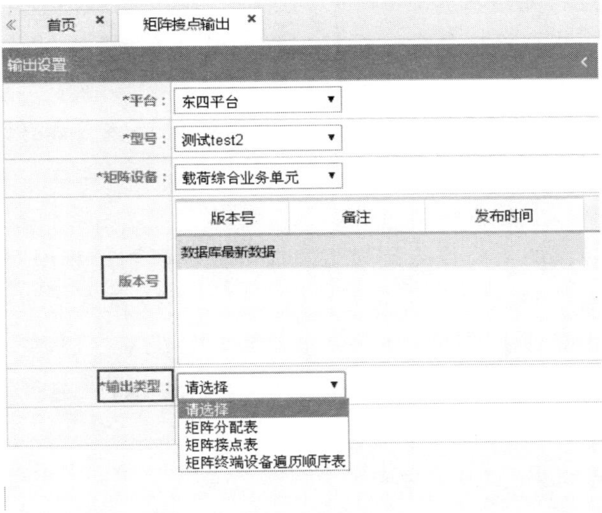

图 5 - 21　矩阵接点输出界面

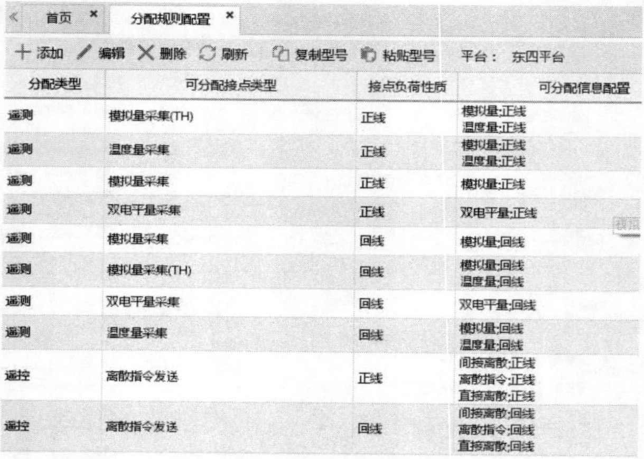

分配类型	可分配接点类型	接点负荷性质	可分配信息配置
遥测	模拟量采集(TH)	正线	模拟量;正线 温度量;正线
遥测	温度量采集	正线	模拟量;正线 温度量;正线
遥测	模拟量采集	正线	模拟量;正线
遥测	双电平量采集	正线	双电平量;正线
遥测	模拟量采集	回线	模拟量;回线
遥测	模拟量采集(TH)	回线	模拟量;回线 温度量;回线
遥测	双电平量采集	回线	双电平量;回线
遥测	温度量采集	回线	模拟量;回线 温度量;回线
遥控	离散指令发送	正线	间接离散;正线 离散指令;正线 直接离散;正线
遥控	离散指令发送	回线	间接离散;回线 离散指令;回线 直接离散;回线

图 5 - 22　分配规则配置

首先选择需要配置的平台和型号，然后点击“添加”，可以对分配类型、可分配接点类型、接点负荷性质、参数/指令类型、可分配信息类型进行配置。选中某一条，点击“编辑”，或者直接双击某一条信息，可以对选中的信息进行编辑。选中 A 型号，点击“删除”，可以删除该条信息。点击“复制型号”，可复制当前选择的型号的全部配置信息，切换至 B 型号后，点击“粘贴型号”，可以直接将 A 型号的配置规则直接配置到 B 型号。

（8）接点表版本控制

版本控制的主要目的是为了确保卫星在研制过程中严格按照产品保证要求，确保信息变更留有相关记录，做到信息变更可追溯。接点表版本控制主要是针对接点表信息进行版本控制，操作时选择相应型号、分系统、单机，然后点击“批量开启版本控制”即可，如图 5 - 23 所示。

1）每个设备后有个标识版本控制状态的图标，表示该设备已经开启版本控制，点击图标将关闭版本控制，表示该设备已经关闭版本控制，点击图标将开启版本控制。

2）需要对多个设备开启版本控制时，勾选设备后，点击下方

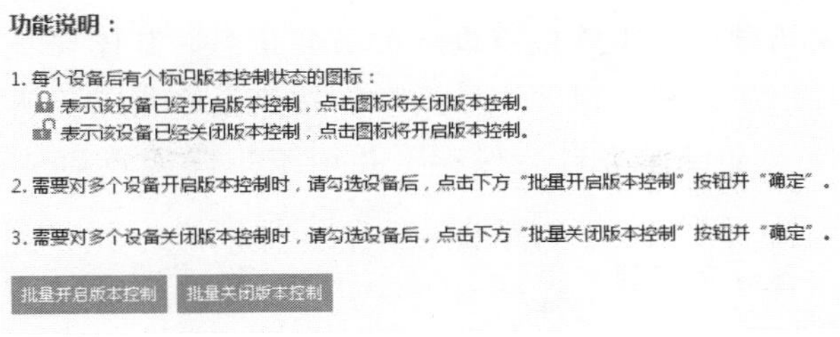

功能说明：

1. 每个设备后有个标识版本控制状态的图标：
   🔓 表示该设备已经开启版本控制，点击图标将关闭版本控制。
   🔒 表示该设备已经关闭版本控制，点击图标将开启版本控制。

2. 需要对多个设备开启版本控制时，请勾选设备后，点击下方 "批量开启版本控制" 按钮并 "确定"。

3. 需要对多个设备关闭版本控制时，勾选设备后，点击下方 "批量关闭版本控制" 按钮并 "确定"。

批量开启版本控制　批量关闭版本控制

图 5 - 23　接点表版本控制

"批量开启版本控制" 按钮并 "确定"。

3）需要对多个设备关闭版本控制时，勾选设备后，点击下方 "批量关闭版本控制" 按钮并 "确定"。

（9）接点表版本发布

在开启版本控制后，可以发布接点表版本。通常在文件上网前等关键节点，应先对数据发布版本再生成文件，这样生成的文件自带版本号，方便进行记录和比对。

操作时，选择相应的 "型号–分系统–设备"，点击 "设备发布版本" 即可完成版本发布。

（10）矩阵接点表版本发布

在开启版本控制后，可以发布矩阵接点表版本。通常在文件上网前等关键节点，应先对数据发布版本再生成文件，这样生成的文件自带版本号，方便进行记录和比对。

操作时，选择相应的 "型号–分系统–设备"，点击 "设备发布版本" 即可完成版本发布。

5.2.2.4　结构工具箱

结构工具箱包含的信息主要体现了星上设备在卫星内部的坐标位置，其中矩阵遍历顺序模块指的是矩阵设备在矩阵电缆上的走向顺序信息，设备分区管理模块包含的是设备的分区信息，主要用于接点表设计过程。

（1）矩阵遍历顺序

矩阵遍历顺序是矩阵接点设计的重要信息，其体现着矩阵电缆走向的设计结果。在该模块中，用户需按模板收集矩阵遍历顺序信息，将其导入至设计平台后保存，并用于矩阵接点后续的设计过程中。

（2）设备分区管理

此功能用于将设备进行分区，分区的目的是为了使设备按位置分类更加明确。按区域划分后，所有设备均按照就近原则进行接点设计，以完成遥测采集与指令驱动过程。该分区的结果可用于矩阵接点表和常规接点表。

首先要定义每个区域的名称和范围，结合卫星电缆网设计里的设备布局结构表，可以将设备划分至对应区域，也可以手动进行调整。用户可添加、编辑、删除、搜索设备分区信息，导出设备分区信息。矩阵设备分区信息更改时，将同步数据至设备分区。根据需求在配置栏选择平台、型号信息，界面将显示所选型号下的设备分区信息，如图 5 - 24 所示。

图 5 - 24　设备分区管理

5.2.2.5　波道工具箱

波道工具箱主要用于卫星遥测格式设计以及遥测参数波道位置确定的过程。该模块采用智能可视化方式，将传统的波道设计过程转化为对模型进行操作的方式，实时获取波道使用率，以提高卫星波道设计的效率。该部分包括波道设计配置和波道设计列表两部分内容。

（1）波道设计配置

波道设计配置主要是波道进行设计之前，设计师需要根据卫星遥测格式进行解读，并将其按照既定的结构，翻译为计算机设置好的配置项进行配置，用来配合后续波道的设计工作。在设计系统的"波道设计配置"界面中，对遥测波道的遥测模式、波道复用标识以及波道帧路映射规则进行配置，如图 5－25 所示。

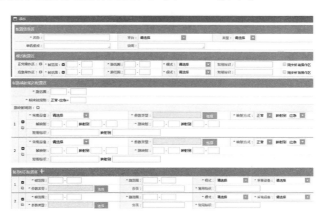

图 5－25　波道设计配置

（2）波道设计列表

在波道设计可视化界面中，可对参数进行单个参数分配、参数批量分配、反向分配以及错位分配等手动分配方式，完成参数的波道信息生成工作。波道设计系统替代了人工对参数进行手动逐个输入波道信息的方法，提高了工作效率，优化了设计合理性。

另外，在波道设计可视化界面中，卫星遥测参数编排情况实现可视化，使卫星遥测容量得以合理利用，根据遥测参数采集设备的采集容量，设计师辅以人工手动适当调整其传输波道和复用格式情况，在满足卫星遥测需求的同时，使卫星遥测能力的使用率达到最大化，如图 5－26、图 5－27 所示。

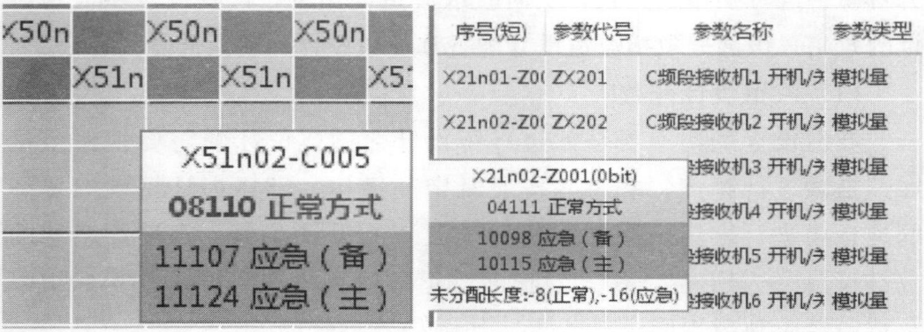

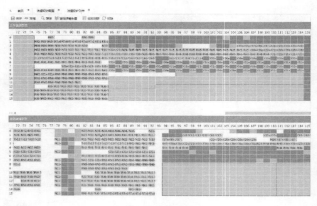

图 5 - 26　波道设计列表 1

图 5 - 27　波道设计列表 2

　　选择单机的参数，拖入波道设计列表中，把鼠标放在已分配信息的格子上可以看到该波道所分配的参数信息。把鼠标放在参数上可以看到该参数已被分配的波道信息。

5.2.2.6　字典工具箱

　　字典项是用于规范卫星某些属性而设置的通用信息。设计平台所设置的字典工具箱模块，是设计师经过对多年设计经验总结，针对卫星多种属性信息进行梳理后，归纳出的所有字典项的集合。其主要目的在于规范卫星属性信息，并提高卫星信息的传承度。目前，该部分包含参数类型和指令类型、采集设备和发送设备、遥测模式及处理方法几项内容。

（1）参数类型和指令类型

参数类型和指令类型均是用于表征遥测和指令性质的字典项。在该模块中，用户根据卫星的设计需求，最大包络地定义参数类型和指令类型，供该卫星平台下所有卫星的设计使用。参数类型和指令类型界面如图 5 - 28 所示。

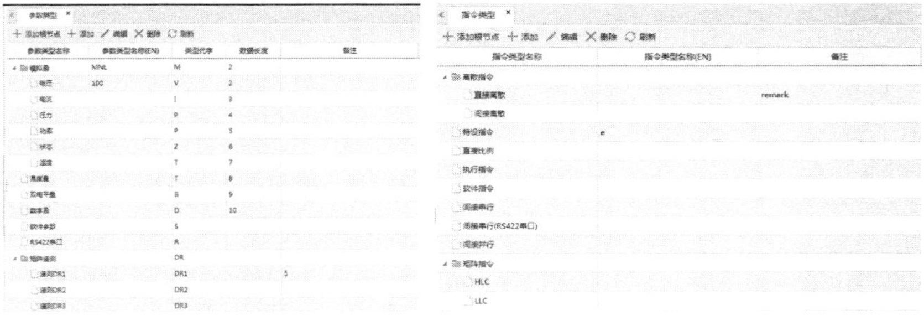

图 5 - 28　参数类型和指令类型界面

（2）采集设备和发送设备

采集设备和发送设备也是遥测参数和遥控指令基本信息的一部分。采集设备主要表征的是遥测被采集设备与遥测采集设备之间的联系，同理，发送设备主要表征的是指令被驱动设备与发送设备之间的联系。图 5 - 29 所示的是部分采集设备的示例。

图 5 - 29　采集界面

（3）遥测模式

遥测模式作为遥测波道信息中一个重要的内容，表征的是该遥测在卫星遥测格式中所处位置的传输形式。同样，用户根据卫星遥测格式需求，在设计初期对卫星遥测模式进行定义，以供后续遥测波道的设计使用。遥测模式界面如图 5 - 30 所示。

图 5 - 30　遥测模式界面

（4）处理方法

处理方法的相关内容在第 4 章已经进行了详细说明，在此不再赘述。处理方法在设计平台的存储界面，如图 5 - 31 所示。

图 5 - 31　处理方法界面

5.2.2.7　输出管理

设计平台提供了针对平台内所存储的信息和设计成果的输出功能，用户可以根据报告模板的需求对包含信息的列进行自定义组合，形成固定的输出模板，最终利用已经完成的模板一键生成所需的信息导出，导出形式为 Excel 表格。同时，每次的输出记录均会存储在该用户账号下，方便用户追溯输出历史。输出模板界面如图 5 - 32 所示。

图 5 - 32　输出模板界面

5.2.2.8　电缆网设计

电缆网设计是卫星总体设计的重要组成部分，其设计结果决定了星上设备之间的连接关系，其设计的合理性关系到卫星重量的大小以及卫星星载信号分析的难易程度。由于电缆网设计包含多方面的信息和因素，所以该部分包含的内容也较多，如结构板信息、热敏电阻配置表、单端接点表、双端接点表、加热器配置表、数据电连接器及接点表、电缆网管理等。

（1）结构板信息

结构板信息模块中包含了卫星各舱板中心点在整星中的坐标位置以及外形信息，用户可添加、编辑、删除、搜索结构板信息，导入、导出结构板信息，也可将结构板信息格式以模板形式下载到本地。如果用户需要删除、修改相关信息，需提交审批。根据需求在配置栏选择平台、型号信息，界面将显示所选型号下的结构板信息，如图 5 - 33 所示。

（2）热敏电阻配置表

热敏电阻配置表模块包含了卫星热敏电阻的粘贴位置信息以及热敏电阻型号信息，用户可通过该模块来调用热敏电阻信息进行

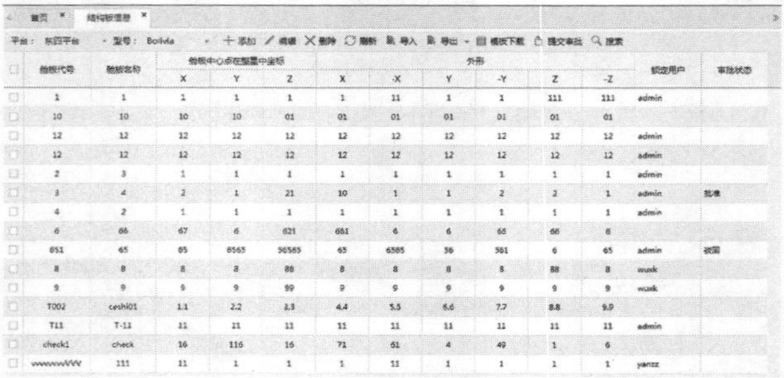

图 5 - 33　结构板信息

使用，可用于整星电缆网设计等过程中。用户可添加、编辑、删除、搜索热敏电阻配置信息，导入、导出热敏电阻配置信息，也可将热敏电阻配置信息格式以模板形式下载到本地。如果用户需要删除、修改相关信息，需提交审批。根据需求在配置栏选择平台、型号信息，界面将显示所选型号下的热敏电阻配置信息，如图5-34所示。

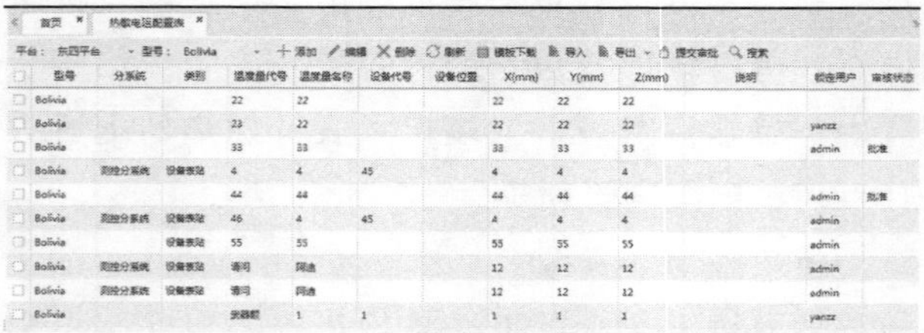

图 5 - 34　热敏电阻配置表

（3）单端接点表

单端接点表指的是设计师对采集/发送设备端的接点进行设计后产生的结果，该模块显示单端接点表设计的成果。用户可添加、编辑、删除单端接点信息，导入、导出单端接点信息，也可将单端接点信息格式以模板形式下载到本地。如果用户需要删除、修改相关信息，需提交审批。另外，用户可编辑、删除、搜索某个接点表下的接点信息。根据需求在配置栏选择平台、型号信息，界面将显示所选型号下的单端接点信息，如图 5 - 35 所示。

图 5 - 35　单端接点表

（4）双端接点表

双端接点表是在单端接点表的基础上，结合被采集/被驱动设备的设备数据表单信息，形成的"点对点"接点设计成果。用户可添加、编辑、删除双端接点信息，导入、导出双端接点信息，也可将双端接点信息格式以模板形式下载到本地。如果用户需要删除、修改相关信息，需提交审批。另外，用户可编辑、删除、搜索某个接点表下的接点信息。根据需求在配置栏选择平台、型号信息，界面将显示所选型号下的双端接点信息，如图 5 - 36 所示。

（5）加热器配置表

加热器配置表模块包含了卫星加热器的性能和位置信息以及加热器型号信息，用户可通过该模块来调用加热器信息进行使用，可用于整星电缆网设计等过程中。用户可添加、编辑、删除、搜索加热器配置信息，导入、导出加热器配置信息，也可将加热器配置信息格式以模板形式下载到本地。如果用户需要删除、修改相关信息，需提交审批。根据需求在配置栏选择平台、型号信息，界面将显示

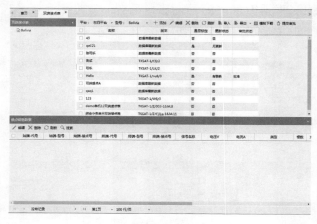

图 5 - 36　双端接点表

所选型号下的加热器配置信息，如图 5 - 37 所示。

图 5 - 37　加热器配置表

（6）数据电连接器及接点表

　　数据电连接器及接点表模块主要包含各设备的数据表单信息，主要可以用于整星电缆网接点的设计。用户可在该页面添加、编辑、删除、搜索数据电连接器及接点信息，导入、导出数据电连接器及接点信息，也可将数据电连接器及接点信息格式以模板形式下载到本地。如果用户需要删除、修改相关信息，需提交审批。从界面左侧产品树上选择"平台＼型号＼分系统＼设备"，界面将显示所选设备下的数据电连接器及接点信息，如图 5 - 38 所示。

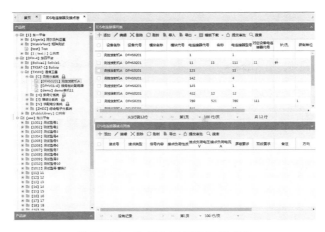

图 5 - 38　数据电连接器及接点表

（7）电缆网管理

电缆网管理功能旨在把设计师从繁冗的矩阵电缆复核复审工作中解放出来。在通信舱电缆网设计完成后，将电气室的电缆网设计结果按模板导入电缆网管理，点击"复核复审"后进入矩阵电缆复核复审界面，正向校对是用矩阵接点表对电缆网设计结果进行校对，逆向校对是用电缆网设计结果对矩阵接点表进行校对。校对结果会展示在复核复审报告中，如图5-39、图 5-40 所示。

	A	B	C	D	E	F	G	H	I	J	K	L
1								电缆号				
2								接点负荷		导线		
3	始端	分支1	分支2	分支3	分支4	方向	信号名称	电压V	电流A	规格(mm2)	屏蔽(p/n)	备注
4												
5												
6												
7												

图 5 - 39　电缆网管理 1

	电缆号	始端	接点(始端)	型号(始端)	分支	接点(分支)	型号(分支)	方向
☐	AP\V11001	X2Z(T)	38	J36A-38TK	XPN1-1	2	CX2-4M1 TK	→
☐	AP\V11001	X2Z(T)	30	J36A-38TK	XPN1-1	4	CX2-4M1 TK	→
☐	AP\V11001	X2Z(T)	37	J36A-38TK	XPN1-2	2	CX2-4M1 TK	→
☐	AP\V11001	X2Z(T)	29	J36A-38TK	XPN1-2	4	CX2-4M1 TK	→
☐	AP\V11001	X2Z(T)	27	J36A-38TK		4		

图 5 - 40　电缆网管理 2

5.2.2.9　系统管理

作为一个成熟的系统，设计平台同样具有用于系统管理的模块。其功能主要是实施对系统层面的管理，其中包括用户管理、数据字典及回收站。

（1）用户管理

用户管理包括用户基本信息、数据操作授权和数据查看授权。可以根据用户所参与的工作，为其设置数据查看权限和数据操作权限。同时支持添加、编辑、删除用户，修改用户登录系统密码以及搜索用户的功能。用户管理界面如图 5 - 41 所示。

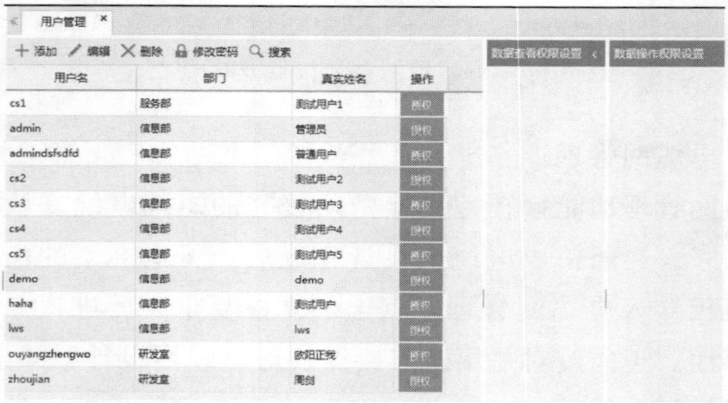

图 5 - 41　用户管理界面

（2）数据字典

数据字典作为设计平台添加项的基本参考字典，用于支持用户在设计平台中添加相关工作项目。用户可添加、编辑、删除数据字典信息以及字典子项信息，如图 5 - 42 所示。该授权操作仅限管理员使用。

5.2.2.9.3　回收站

软件删除的数据都会存储到回收站模块，用户可以还原删除的数据，或永久删除数据。回收站界面如图 5 - 43 所示。

图 5 - 42　数据字典界面

图 5 - 43　回收站界面

参 考 文 献

［1］ 彭成荣. 航天器总体设计 ［M］. 北京：中国科学技术出版社，2011.

［2］ 徐福祥，林宝华，侯深渊. 卫星工程概论：上册 ［M］. 北京：中国宇航出版社，2003.

［3］ 徐福祥，林宝华，侯深渊. 卫星工程概论：下册 ［M］. 北京：中国宇航出版社，2003.

［4］ 周志成. 通信卫星工程 ［M］. 北京：中国宇航出版社，2014.

［5］ 魏振超，李砥擎. 通信卫星遥测遥控、数管、热控分系统综合测试工程手册 ［M］. 北京：中国科学技术出版社，2014.

［6］ HAN X D, XU N, LI D Q. Data Processing for Satellite Communication Systems — Digital Architecture Design, Validation and Applications ［J］. 33rd AIAA International Communications Satellite Systems Conference, Brisbane, Australia, September 7 – 10, 2015.

［7］ 冯彦君. 航天综合电子关键技术研究 ［C］. 中国空间技术研究院星载计算机与测控技术研讨会，2011.

［8］ HAN X D, LI D Q, XU N, et al. A Fault – Tolerant Control Method and Its Applications in Aerospace Industry ［J］. 10th International Conference on Reliability, Maintainability and Safety, Guangzhou, China, 62 – 65, August 6 – 8, 2014.

［9］ 王丽娜，王兵，周贤伟. 卫星通信系统 ［M］. 北京：国防工业出版社，2006.

［10］ 陈振国，杨鸿文，郭文斌. 卫星通信系统与技术 ［M］. 北京：北京邮电大学出版社，2003.

［11］ 刘蕴才. 遥测遥控系统 ［M］. 北京：国防工业出版社，2001.

［12］ 谭维炽，叶万庚. 现代测控管理系统工程 ［M］. 北京：宇航出版社，1993.

[13]　褚桂柏，马世俊．宇航技术概论［M］．北京：航空工业出版社，2002.

[14]　陈宜元，等．遥控遥测信息传输原理［M］．北京：国防工业出版社，1982.

[15]　陈宜元．卫星无线电测控技术［M］．北京：中国宇航出版社，2007.

[16]　陈芳允，贾乃华．卫星测控手册［M］．北京：科学出版社，1992.

[17]　周智敏，李企舜．现代航天测控原理［M］．长沙：国防科技大学出版社，1998.

[18]　成艳，韩笑冬，陈亮亮，等．天地一体化网络参考模型及关键技术［J］．空间电子技术，2017（4）：39-47.

[19]　安卫钰，韩笑冬，王志富．一种数字遥测接口容差测试方法及实现［J］．航天器工程，2016，25（2）：139–144.

[20]　连卉，郝燕艳，李延滨，等．基于信息流的星载软件需求分析方法［J］.航天器工程，2015，24（2）：68–73.

[21]　WANG Y Y，WANG Z F，ZONG K，et al. Improved Greedy Algorithm Based Matrix Satellite Cable Connection Optimal Design ［J］. Matec Web of Conference，Chengdu，China，December 15–17，2017.

[22]　叶勉，郝燕艳．测控系统信息设计工具开发与应用［J］．神舟传媒，2014.

[23]　郑金秀．卫星群测控相关技术研究［D］．成都：中国电子科技集团公司第十研究所，2011.

[24]　林来兴，张小琳．星群、星座与编队飞行的概念辨析［J］．航天器工程，2012，21（5）：97–102.

[25]　肖振宇，李瑶，白文杰，等．星群协同阵列传输容量［J］．北京航空航天大学学报，2015，41（9）：1615–1623.

[26]　张敬．航天器对星座多星接近轨道设计问题研究［D］．长沙：国防科学技术大学，2013.

[27]　孙娟．导航星座星间链路设计研究［D］．南京：南京航空航天大学，2011.

[28]　郦苏丹，朱江，李广侠．采用遗传算法的低轨区域通信星座优化设计［J].通信学报，2005，26（8）：122–128.

[29]　杨红生．国内外星群测控的研究现状及关键技术［J］．电讯技术，2013，

53（12）：1643－1648.

[30]　陈荔莹，徐东宇，赵振岩．国外卫星星座自主运行技术发展综述［J］．
　　　航天控制，2008，26（2）：92－96.

[31]　杨童，吴雨翔，李明峰．全球卫星移动通信星座天基星间链路测控方案
　　　［J］．中国空间科学技术，2013（3）：77－82.

[32]　孟轶男，樊士伟，杨强文，等．星座星间链路的空域覆盖特性仿真分析
　　　［J］．中国空间科学技术，2014（2）：76－83.

[33]　宗可，王志富，徐珩衍，等．卫星矩阵电缆机电联合优化设计［J］．航
　　　天器工程，2017，26（4）．

[34]　李明峰，郝燕艳，陈晓，等．新一代通信卫星平台综合电子系统研究
　　　［J］．国际太空，2013（6）：46－50.

[35]　朱维．航天器综合电子系统技术研究［D］．上海：上海交通大学，2013.

[36]　华杰．基于编队飞行小卫星系统的变码速率星间通信的研究［D］．长
　　　沙：中国科学技术大学，2014.

[37]　秦勇，惠蕾放，刘晓旭，马伟．分布式空间系统星间通信组网技术研究
　　　综述［J］．空间电子技术，2015，12（4）：1－10.

[38]　孙斌，晏坚，张彧．GEO 移动通信卫星星上处理交换技术［J］．电视技
　　　术，2010，34（z1）：180－183.

[39]　李廷军，林雪原，董文洪，邱军海．利用铷钟实现组合导航系统研究
　　　［J］．通信学报，2006，27（8）：144－154.

[40]　张丽山，王建华．基于 FPGA 直接序列扩频系统的设计［J］．电子设计
　　　工程，2013，21（20）：129－131.

[41]　刘帅，王虎妹．卫星综合电子系统体系结构总体技术研究［J］．空间电
　　　子技术，2015，12（6）：90－94.

[42]　黄宇民，马骏，侯宇葵，周钠．天基因特网传输协议的适用性探讨［C］．
　　　航天测控技术研讨会，2004.

[43]　徐香，王平．卫星激光通信的关键技术［J］．舰船电子工程，2008，28
　　　（3）：87－89.

[44]　吕春雷．相干探测在激光通信系统中的应用［J］．硅谷，2014，21：
　　　101－102.

[45]　单凤华，佟首峰，吕春雷．自由空间光通信 APT 系统信标探测技术 [J].长春理工大学学报（自然科学版），2013，36（3 - 4）：53 - 59.

[46]　刘洋，易东云，王正明．编队卫星星间相对状态测量的国外研究现状 [J]．飞行器控制学报，2006，25（2）：9 - 16.

[47]　叶建设，宋世杰，沈荣骏．深空通信 DTN 应用研究 [J]．宇航学报，2010，31（4）：941 - 949.

[48]　吴雨翔，王凤春．GEO 卫星在轨故障条件下测控应急措施 [J]．航天器工程，2012，21（1）：53 - 58.

[49]　周志成．中国通信卫星发展之路 [C]．第 10 届中国卫星通信广播电视技术国际研讨会，2013.

[50]　常君明，颜彬．数字通信原理 [M]．北京：清华大学出版社，2010.

[51]　陈道明．通信卫星有效载荷技术 [M]．北京：中国宇航出版社，2001.

[52]　周志成，曲广吉．通信卫星总体设计和动力学分析 [M]．北京：中国科学技术出版社，2013.

[53]　李旭，艾渤，钟章队．移动通信原理与系统 [M]．北京：科学出版社，2011.

[54]　约翰·普洛克斯，马苏德·萨莱希．通信系统原理 [M]．北京：机械工业出版社，2015.

[55]　刘俊，王九龙，石军．CCSDS/SCPS 网络层与传输层协议分析与仿真验证 [J]．中国空间科学技术，2009，29（6）：59 - 65.

[56]　佟首峰，姜会林，张立中．高速率空间激光通信系统及其应用 [J]．红外与激光工程，2010，39（4）：649 - 654.